U0345863

我们不懈努力，孜孜以求：

一个面向未来、令人向往、让市民倍感幸福的城市，

一个更绿色、更美好的上海！

上海郊野公园规划
探 索 和 实 践

SHANGHAI COUNTRY PARK PLANNING
EXPLORATION AND PRACTICE

编著
上海市规划和国土资源管理局
上海市城市规划设计研究院
Shanghai Planning and Land Resource Administration Bureau
Shanghai Urban Planning and Design Research Institute

著作权人

上海市规划和国土资源管理局

上海市城市规划设计研究院

编委会

主　任　庄少勤

副主任　张玉鑫

编　委

夏丽萍　管韬萍　张洪武　石　崧　凌　莉　钱　欣　卢　柯

文字撰写（按姓氏拼音排序）

曹　韵　胡红梅　蒋姣龙　刘　帅　卢思岚　陆圆圆　孙旌琳

石婷婷　陶　楠　陶英胜　吴　燕　吴　双　徐　丹　薛娱沁

殷　玮　张　彬　张芬芬　钟　骅　宗敏丽　张敏清　邹　玉

图纸整理

郭贺铭　郁俊男

Foreword 前言

党的十八大和十八届三中、四中全会，明确“大力推进生态文明建设”的战略决策和推进生态文明建设的一系列顶层设计、制度安排和行动部署，把生态文明建设放在突出地位。习近平总书记指出：“走向生态文明新时代，建设美丽中国，是实现中华民族伟大复兴的中国梦的重要内容。”生态文明建设事关实现“两个一百年”奋斗目标，事关中华民族永续发展，是建设美丽中国的必然选择，对于满足人民群众对良好生态环境的新期待、形成人与自然和谐发展现代化建设的新格局，具有十分重要的意义。2015 年 3 月 24 日，中共中央政治局会议审议通过《关于加快推进生态文明建设的意见》。会议明确指出，当前和今后一个时期，按照党中央决策部署，把生态文明建设融入经济建设、政治建设、文化建设、社会建设各方面和全过程。协同推进新型工业化、城镇化、信息化、农业现代化和绿色化，牢固树立“绿水青山就是金山银山”的理念，坚持把节约优先、保护优先、自然恢复作为基本方针，把绿色发展、循环发展、低碳发展作为基本途径，把培育生态文化作为重要支撑，把重点突破和整体推进作为工作方式，切实把生态文明建设抓紧抓好。

上海作为一个拥有 2 400 万常住人口的国际大都市，在快速城镇化的发展中，城市功能不断提升，城市规模不断扩大，同时也面临着土地资源紧缺、环境容量有限、人口压力增大、生态空间匮乏等一系列的挑战。随着社会经济的发展，人们渴望回归自然，舒缓都市压力，享受田园风光，对休闲游憩的需求与日俱增。根据国家发展战略部署，中央赋予上海“改革开放排头兵、创新发展先行者”的重大历史使命和责任担当，进入新的发展阶段的上海，必须大力促进绿色发展、循环发展、低碳发展，倾力打造生态环境优美的上海。为落实国家生态文明战略，实现可持续发展，2012 年底上海市委、市政府明确提出推进以郊野公园为重点的大型游憩空间和生态环境建设，正式启动上海郊野公园的规划工作。在上海市第六次规划土地工作会议上，上海市市委书记韩正明确指出，“把生态环境约束作为城市发展的底线约束和红线约束”，“要更加重视全市人民更多更公平地享受改革发展成果，拥有更好的生活”。通过郊野公园建设，进一步改善城市生态环境，筑牢生态安全屏障，增加市民生态福祉，为实现永续发展提供良好的生态条件，并逐步形成具有上海特色的生态文明发展之路。

根据上海市委、市政府的总体部署，上海市规划和国土资源管理局牵头，组织上海市城市规划设计研究院等单位开展了上海市郊野公园相关研究和规划编制工作，充分发挥规划和国土资源领域在保障发展、保护资源、优化空间、环境优先等方面的作用，并将郊野公园建设作为上海“聚焦生态文明、强化城乡统筹、突出规划引领、破解资源瓶颈、转变发展方式”的重要探索。时任上海市规划和国土资源管理局局长冯经明十分重视郊野公园规划工作，明确要求“要把上海郊野公园规划作为提升城市生态文明水平、促进城乡空间发展模式转变的重大创新举措”，多次带队深入现场调研，与研究人员共同探讨，并指导规划方案研究制订工作。

国内外城市发展经验表明，以生态保育、自然保护、休闲游乐、健身康体为主导功能的郊野公园是保护生态环境、提升城市游憩功能、增强城市魅力的重要载体，近年来引起越来越多的重视。在《上海市基本生态网络规划》明确的“多层次、成网络、功能复合”的总体生态格局基础上，遵循“自然资源较好、处于对生态功能有影响的重要节点、毗邻新城和大型居住社区、交通条件较好”的选址原则，上海在郊区布局 21 处郊野公园，形成既能锚固城市生态格局、又能满足市民游憩需求的生态空间。根据郊野公园的总体布局，结合近期实施的可行性，将闵行浦江、嘉定嘉北、青浦青西、松江松南、崇明长兴等 5 个郊野公园作为近期建设的试点。

上海市郊野公园的规划编制研究历时两年多，经历了概念规划编制、“入村驻点”现状调研、国际方案征集和专题研究、成果编制四个阶段。概念规划编制阶段，重点研究借鉴国内外郊野公园的规划理论和成功实践案例，明确上海市郊野公园的总体定位和建设目标。现状调研阶段，重点是“入村驻点”，通过“三道查”（普查、精查、补查）现状调研，认识基地“蓝脉、绿脉、文脉”等特色，对“田、水、路、林、村、风、土、历、人、文”十大自然和人文要素进行系统梳理。国际方案征集和专题研究阶段，重点围绕先进理念、设计方法、关键技术开展方案征集和专题研究工作。成果编制阶段，重在统筹平行编制的各项规划，形成独具特色、面向实施的郊野公园规划设计方案。

上海市郊野公园的规划建设进行了多方面的探索，体现了从“以人为本”到“人与自然和谐”、从“注重物质环境”到“兼顾人文历史”、从“单纯强调生态”到“综合效益最优”的思路转变。在规划理念上，以“生态优先，环境保育”为原则，聚焦生态文明、锚固生态功能，以生态环境评估、自然资源评价为基础，通过林地、水网、农地等锚固生态空间。在规划方法上，以“尊重自然、顺应自然、保护自然”为原则，尊重自然规律，体现郊野特色，突出自然野趣，合理整合上海特有的农田林网、河湖水系、村落肌理。在规划要素上，以“传承文脉、彰显特色”为原则，全面梳理自然要素，充分挖掘人文要素，展现江南水乡地域特点。在规划实施上，突出城乡统筹、政策支持，统筹涉及土地整治、农田水利建设、村庄改造、产业结构调整等方面的资金政策，投入郊野公园的建设中，确保郊野公园能推得动、管得好。

上海市郊野公园相关规划编制和研究，完成了现状基础研究、法定规划和专题研究与相关标准等一系列技术成果。《上海郊野公园规划探索和实践》一书综合提炼了规划研究的成果及工作过程中的思考。本书分为 8 个章节，第 1 章概述郊野公园的由来、相关理论及实践经验，第 2 章阐明上海市郊野公园的规划思路和总体设想，第 3—7 章分别阐述青西、松南、浦江、长兴和嘉北 5 个近期试点郊野公园规划方案，第 8 章重点探讨郊野公园的实施机制和政策保障。本书附录摘录了国际方案征集活动中的部分方案，以及七项专题研究成果。专题研究围绕上海郊野公园规划建设的关键技术难点展开，涵盖湿地生态、特色农业、村落风貌、功能业态等方面。期待本书能为国家生态文明战略和环境建设，以及郊野公园发展提供经验、借鉴和参考。

“聚焦生态、创新探索”，美丽上海的生态足迹在这里延展，绿色魅力在这里集聚。我们相信，在全社会的共同努力下，郊野公园必将成为上海生态文明建设的靓丽风景线，市民亲近自然的好去处、后花园。

目录

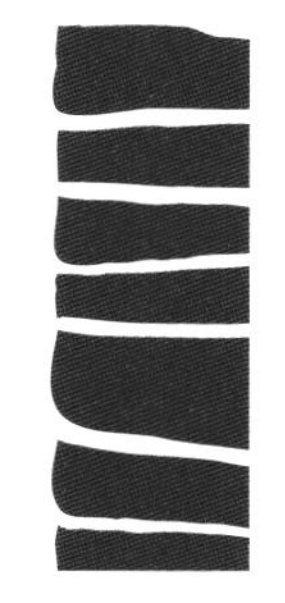

CHAPTER ONE

郊野公园概述

Country Park Overview

CHAPTER SUMMARY

章节概要

20 世纪 70 年代以来，随着绿色浪潮和可持续发展理念的兴起，国际大都市普遍开始关注大型郊野空间的生态保育保护和社会游憩活动的完善。英、法等国及香港、北京等城市在郊野公园的规划建设上作了诸多探索。实践证明，以生态保育、自然保护、休闲游乐、健身康体等为主导功能的郊野公园日益成为提升城市空间品质、优化城市空间结构的重要资源。

1.1 相关理论与概念

1.1.1 相关理论的发展

1. 中国古代城市提倡天人合一

两千多年前的中国古代城市就已经开始关注人与自然环境的和谐发展。《管子》提出：“凡立国都，非于大山之下，必于广川之上，高毋近旱，而水用足，下毋近水，而沟防省，因天材，就地利，故城郭不必中规矩，道路不必中准绳。”古人注重保护自然环境、因地制宜，追求天人合一、象天法地，在城市建造中强调整体性和长远发展等理念。如明南京城的建设就表现出利用自然而非完全循规蹈矩的格局。此外，这些营城理念也对日本、韩国等东亚国家的城市建设产生了很大影响。

2. 田园城市理论倡导城乡一体发展

19 世纪末，埃比尼泽·霍华德[1] 提出“田园城市”理论，希望解决大城市快速城市化带来的交通拥堵、环境恶化等城市病。在其《明日：一条通向真正改革的和平道路》一书中，他认为应该建设一种兼有城市和乡村优点的理想城市，即“田园城市”，它是为健康、生活及产业而设计的城市，规模足以提供丰富的社会生活，但不应超过限度，四周要有永久性农业地带围绕。

田园城市理论在城市规模、布局结构、人口密度、绿带等方面提出一系列独创性的见解，形成一个比较完整的城市规划思想体系。其中关于解决城市问题的核心内容包括：建设新型城市，即环绕一个中心城市（人口为 5 万 ~ 8 万人）建设若干个田园城市，当其人口达到一定规模时，就要建设另一座田园城市，形成城市组群——社会城市；疏散过分拥挤的城市人口，防止摊大饼式的城市布局，完善乡村功能和服务，减少城乡差距，使农村居民安居乡村。设计这种组合城市结构的目的，是使城市与乡村在区域综合体中融合，在更大范围的生态环境中实现平衡。田园城市较早关注城市环境恶化与城乡关系，对西方城市建设和理论发展产生了广泛且深远的影响。

第一座田园城市莱奇沃思（Letchworth）于 1903 年建成，随后是韦林（Welwyn）和威森肖（Wythenshawe）。经历一个世纪之后，这些田园城市仍十分宜居。[1]

3.《雅典宪章》提出游憩是城市基本功能之一

1933 年，对现代城市发展具有重要影响的《雅典宪章》提出现代城市四大基本功能，即居住、工作、游憩与交通。同时指出，关于游憩存在的问题是普遍缺乏绿地和空地。在人口稠密地区，清除旧建筑后的地段应作为游憩用地；城市附近的海滩、河流、森林、湖泊等自然风景优美的地区，应加以保护，供居民游憩之用。

《雅典宪章》首次提出游憩是城市基本功能之一，并明确自然风景优美地区应予以保护，对城市游憩空间的建设产生了巨大的推动作用。

4. 芒福德主张人与自然平衡发展

刘易斯·芒福德[2] 主张人类社会与自然环境应在供求上取得平衡，而社会传统是人类赖以生存的第二种环境。在他看来，荒野和风景是一种生态资源，是人类文明生活的靠山之一。人类应该同等对待大地的每一个角落，但不是使用同一种手法，而是因地制宜，使区域维持人类文化的多样性和生活的多样性。他设想了一种新的城市形态，其中，郊区具有生物学优势，城市具有社会优势。“带状绿地穿过每一个地段，形成一个连续不断的花园和林荫道网，在城市边缘，它们逐步扩大融入防护绿带，从而和乡村生活一样，使自然风景和花园也都成为城市整体的组成部分，既可供平时使用，也可供节假日使用。”[2]

1.1.2 郊野公园概念定义

郊野公园译自“country park”，最早在英国出现。近年来，随着国内外各大城市郊野公园建设实践的开展，该名词已被广泛提及。对这一概念的内涵，国内外虽然还没有形成一致的定义，但从法律、法规和学术层面均有一定的研究。

1. 法律、法规、规程层面的定义

1968 年，英国《乡村法》（*Countryside Act*）最早提出，郊野公园是指“位于城市郊区，有良好的自然景观、郊野植被及田园风貌，并以休闲娱乐为目的的公园”。

1976 年，香港《郊野公园条例》明确：“郊野公园一般系指远离市中心区的郊野山林绿化地带，开辟公园的目的是为广大市民提供一个回归和欣赏大自然广阔天地和游玩的好去处。”

1 埃比尼泽·霍华德(Ebenezer Howard)：英国城市学家、社会活动家，现代城市规划的奠基人之一。

2 刘易斯·芒福德(Lewis Mumford)：美国知名城市规划理论学家、社会哲学家、历史学家。

2002 年，我国行业标准《城市绿地分类标准》(CJJ/T 85—2002) 将郊野公园归属为其他绿地（包括风景名胜区、水源保护区、郊野公园、森林公园、自然保护区、风景林地、城市绿化隔离带、野生动植物园、湿地、垃圾填埋场恢复绿地等），将郊野公园的内容与范围概括为“对城市生态环境质量、居民休闲生活、城市景观和生物多样性保护有直接影响的绿地”。

2. 学术层面的定义

学术界从城市地理学和功能两个维度对郊野公园进行定义。

从城市地理学角度，易澄[3]认为郊野公园即地处城市郊区（近、中、远郊），较大面积的、原始状态的自然景观区域，是介于城市公园和自然风景游览区中间状态的园林绿地，与城市的绿点、绿块、绿线、绿片、绿带遥相呼应，有机组合，构成完整的城市生态环境绿化体系。丛艳国、魏丽华[4]认为，郊野公园是指位于城市外围近、中郊区绿化圈层，具有较大面积的、呈自然状态的绿色景观区域，包括人为干扰程度小的传统农田、处于原始或次生状态的郊野森林自然景观等；郊野公园的空间范围应基本涵盖城市“绿带”，并与城市公园绿地有机结合，构成完整的“城市 - 郊野”生态环境绿地系统。

从功能角度，彭永东、庄荣[5]认为，郊野公园指城市规划区域内，已纳入城市绿地系统规划，以保护城市生态用地为主要目标，以郊野自然地为主体，可供开展户外运动、休闲游憩、科普教育等活动的开放性公园。刘晓惠、李常华[6]提出郊野公园应具有的特征，即位于城市边缘的远近郊区、具有较好的自然风景资源的区域，包括山林坡地、河湖水岸、沼泽湿地和良好的林地植被等；保留较好的自然生境状态，人为干扰程度低，具有多样性的生物物种资源，可发挥积极的生态运行机制和作用；具有较好的可达性和基础设施，可供城市居民开展游憩、休闲、运动、远足等活动，接触和欣赏自然，并可进行自然知识普及教育。许东新、薛建辉[7]认为，郊野公园是在适当管理下，人们易于到达的乡村游憩场所，区位环境迥异于城市中心区，是在城市化地区为城市居民就近创造的、一种具有乡村原始风貌的开放活动空间，为生活在高度人工环境下的城市居民就近提供一个领略乡村自然景观、呼吸新鲜空气、开展户外运动、放松身心、享受环境的场所，同时兼有自然保护、环境教育、社区交流的功能。刘扬、郭建斌[8]认为，郊野公园是指在城市郊区划定的区域内，有较大面积呈自然或近自然状态的绿色景观，有良好的绿化及一定的服务设施，并向公众开放；它以防止城市建成区无序蔓延为主要功能，兼具保护城市生态平衡，为城市居民提供游憩环境，开展户外科普活动等多种功能。陈敏、李婷婷[9]从区域特征、景观特色、功能特点三个方面给出了郊野公园的定义：在适当的管理下，位于城市中心区外围，人们易于到达，以乡村景观或森林地形地貌等自然存在为主体，具有丰富的自然景观，可供开展户外活动，轻松身心，享受生态自然环境，同时还兼有生态保护、环境教育、生产生活等功能的开放活动空间。张婷、车生泉[10]给出了一个较为全面的概念：位于城市近郊，在城市规划区之内，城市建设用地以外，以自然景观和乡村景观为主体，生态系统较稳定，由政府主导和财政投资，经科学保育和适度开发后具有少量基础设施，为周边城镇居民提供郊外游憩、休闲运动、科普教育等服务的公众开放性公园。

综上所述，不同国家不同学者对郊野公园进行了不同的定义，它们基本涵盖了郊野公园的三大要点：位于城市近郊，具备自然景观及郊野风貌等要素，以游憩活动为目的。

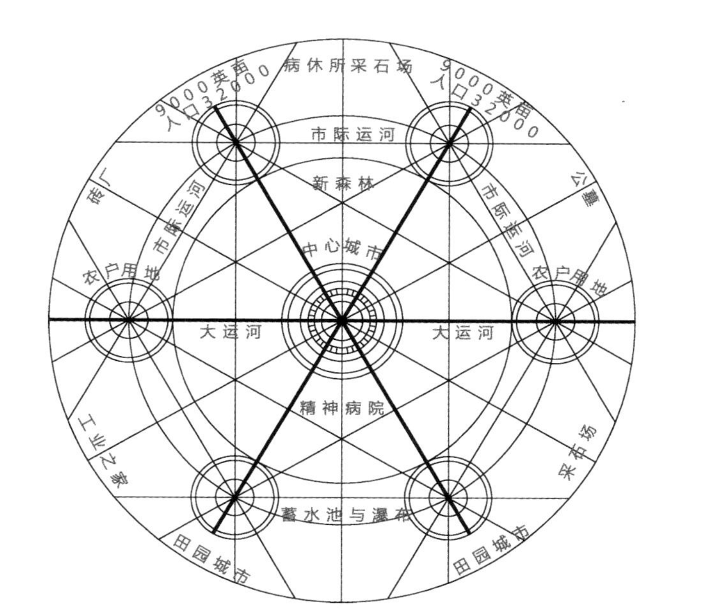

图 1-1 霍华德构建的城市组群示意图

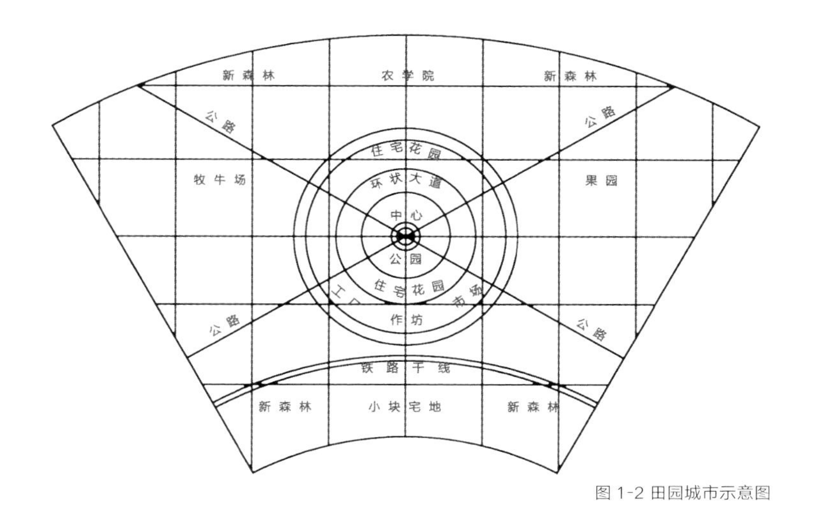

图 1-2 田园城市示意图

1.1.3 郊野公园的起源

“郊野公园”的概念最早在英国提出，英国的科学研究和政策文件对郊野公园的理论和实践起了主导作用，在郊野公园的发展史上占有重要地位。甚至可以说，英国郊野公园的历史演变代表了郊野公园的发展史。郊野公园的发展历史可以分为以下三个阶段。

1. 理念的起源（1929—1969 年）

19 世纪 90 年代自行车的发展及 20 世纪初汽车的出现使得郊野乡村旅游的规模不断扩大。第二次世界大战前，欧洲各地针对中低收入的野营旅游逐步兴起。1929 年英国人艾迪生（Addison）领导的委员会最早提出郊野公园的设想，当时设想的郊野公园不同于通常远离城市、具有显著的自然和文化资源价值的传统国家公园，而是定位于工业区周边，具有便利交通的区域。但是该设想并没有马上得到实施。直到 20 世纪 60 年代，英国的一些研究者担心人们游憩需求膨胀会破坏城郊自然环境，英国政府先后出台了《乡村公园》的白皮书（1966 年）和《乡村法》（1968 年），将郊野公园建设推上日程。

表 1-1 英国郊野公园历史演变一览表

发展阶段	社会背景	建设目标	代表事件或重要文件
第一阶段（1929—1969 年）	城镇建设加速，人们的游憩需求增长，自驾郊野旅游兴起	缓解国家公园接待压力，保护乡村自然环境	1929 年，英国提出建设郊野公园的最初设想；1968 年，英国《乡村法》出台
第二阶段（1970—1991 年）	石油危机导致财政投入缩减，公园建设与维护停滞，美国生态保护运动加强人们的资源保护意识	转变对郊野公园的功能定位：从“蜜罐”（honey pot）到“网关”（gateway）	1974 年，英国乡村委员会发布《郊野公园规划的建议报告》（*Advisory Notes on Country Park Plans*）
第三阶段（1992 年至今）	1990 年前后，城乡一体化研究开始向城乡边缘区推进	降低人们出行的社会交通经济成本，满足不同人群游憩需求	1992 年，发布《享受乡村：为民政策》（*Enjoying the Countryside: Policies for People*）；2003 年，发布《郊野公园复兴报告》（*Countryside Agency: Towards a Country Parks Renaissance*）

表 1-2 郊野公园与其他大型绿地比较

类型	地理区位	景观资源	生态稳定性	服务功能	客源构成	管理机构
郊野公园	城市近郊	自然景观 乡村景观	自身稳定	自然保育，改善环境 郊外游憩，科教娱乐	周边城镇居民	城建部门、林业部门 （香港：渔农署）
森林公园	城市郊区	森林景观	自身稳定	度假疗养，科教娱乐	周边和其他各地游客	林业部
城市公园	城市建成区	人工景观	自身不稳定 需人工维护	改善环境，日常休闲	城镇居民	城建部门
风景名胜区	远郊 近郊	自然景观 和人文景观	自身稳定	保护自然资源 和人文景观	周边和其他各地游客	建设部和各地风景 名胜区管理委员会
国家公园	远郊	自然景观 和人文景观	自身稳定	保护自然资源和人 文资源，科教娱乐， 考察研究	各地游客， 科研人员	国家公园局

2. 建设管理的探索与功能重新定位（1970—1991 年）

有了相关政策文件的指导和政府的财政支持，英国郊野公园的建设迅速发展。到 20 世纪 70 年代中期，管理者对郊野公园的关注从基础建设转向管理规划，强调区位选择、制定目标、建设实施、财政支持及与地方当局的合作。80 年代前期由于受到石油危机的影响，地方当局缩减了对郊野公园的财政支出，郊野公园的设施维护与发展建设有所停滞。但在理论研究上，人们对郊野公园的功能定位适度展开。

同一时期，为了挽救城市急剧发展对农业用地的蚕食，当时的英属殖民地香港，将西方国家公园的理念引入香港郊区的管理和运营，但因面积限制而发展成郊野公园。香港政府于 1976 年制定《郊野公园条例》，并于同年 12 月 3 日划定 3 个郊野公园。

3. 游憩项目的丰富（1992 年至今）

20 世纪 90 年代后期，国际上出现了很多专业化的旅游产品，如生态旅游，探险旅游、体育旅游等，旅游业开始从大众旅游向个性化旅游转变。此时，郊野公园的研究学者和管理人员开展了众多关于游客使用情况和游憩体验的调查研究，在郊野公园建设和管理过程中也开始注重人文关怀，通过加强郊野公园与城市之间的公共交通联系，设立类型多样、各具特色的郊野公园，并且增添郊野公园中的娱乐和运动设施，来满足青少年、老年人和残障人群的游憩需求。1995 年，因财政问题，英国郊野公园的发展再次受到严重的影响。直至 2003 年《郊野公园复兴报告》发表后，管理机构又开始对郊野公园的发展给予很大的关注，并成立“郊野公园网络”（Country Parks Network，CPN），以促进郊野公园的复兴工作。

英国郊野公园的兴起、发展、衰败和复兴的过程，正是郊野公园的建设理念的变迁过程：从最初以控制游憩扩张为目标，用简单指标对郊野公园进行界定；到后来以保护自然资源为目标，注重整体规划实施、设施维护管理、财政支持与合作；继而发展到今天，管理者和规划者越来越注重对人的关怀，并强调环境保护和游憩需求并重。

1.1.4 郊野公园与其他大型绿地的比较

除郊野公园之外，还有很多其他类型的绿地，如森林公园、城市公园、风景名胜区、国家公园等，但是郊野公园在地理区位、景观资源、生态特性、服务功能等方面与其他绿地有所不同。

1.2 国外郊野公园的实践

1.2.1 英国伦敦利亚河谷郊野公园（Lee Valley Park）

英国郊野公园大部分由政府在 20 世纪 70 年代根据英国《乡村法》划定。至 2013 年，英国的郊野公园数量总计 267 个，绿色认证率达 80%，总面积超过 31 980 km^2，每年的观光游客接近 7 300 万人。

大伦敦布局 21 个郊野公园作为大都市生态网络的重要节点。《大伦敦空间发展战略》（2011）明确以环城绿带（Green Belt）与蓝带（Blue Ribbon）构成伦敦开放空间战略网络的基本结构，其中伦敦郊野公园有 2/3 在此范围之中。

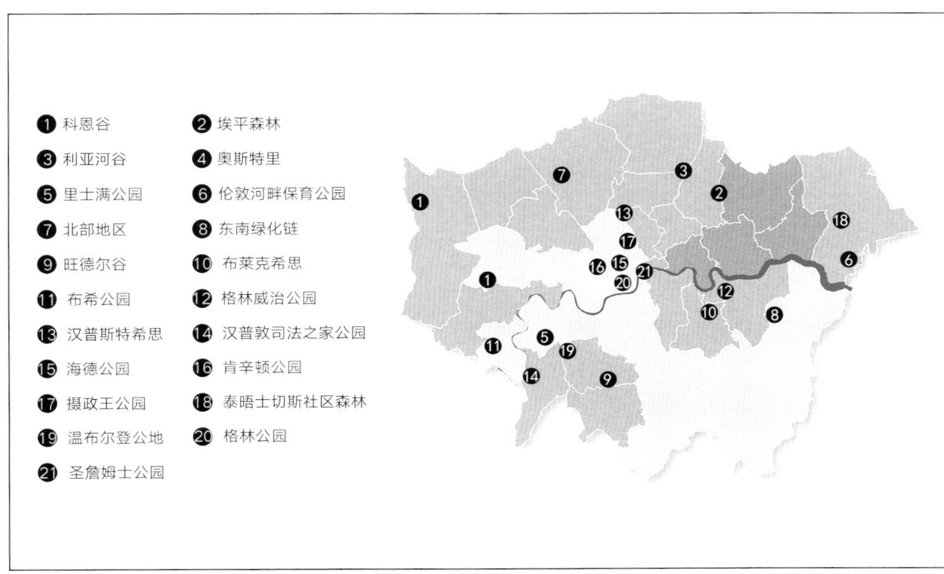

图 1-3 伦敦的战略性开放空间网络

图 1-4 大伦敦空间发展战略的环城绿带

图 1-5 利亚河谷郊野公园风貌（Image by Northmetpit at commons.wikimedia.org）

1. 基本情况

伦敦利亚河谷郊野公园位于伦敦城东北方向，距伦敦金融城 10 ~ 25 km，公园沿利亚河展开，北起赫特福德郡南部，南至泰晤士河畔的东印度公司码头。公园建设计划始于 1966 年，目的是满足伦敦东北部、赫特福德郡和艾塞克斯郡居民日益增长的游憩需求，避免城市游憩用地作为建设用地被蚕食，力求将城市已有开放空间与废弃地联系起来，共同组成城市的绿色廊道。作为大伦敦战略性开放空间网络中确定的五个区域性公园之一，伦敦利亚河谷郊野公园是大伦敦绿带的重要组成部分，是连接城市与乡村地区的重要生态廊道。

公园与区域及城市公共交通系统紧密衔接，具有良好的可达性，西临重要的铁路线和公路，南侧分布有多个伦敦轨道交通站以及道克兰轻轨站点，M25 高速公路东西向穿越公园中央区域，除此之外还有多条东西向公路穿越公园。

公园自北向南绵延 42 km，总面积 40 km^2。公园内大部分区域作为公共开放空间，提供多样的游憩活动和设施，包括少量的居住、工业用地。

2. 景观风貌

利亚河谷郊野公园内水体资源丰富，包括河流、湖泊、水库等。公园内的植被具备明显的冲积河谷植被特征，滨水区域以柳树和白杨为主，土壤更为干燥的地区以橡树、岑树、枫树、榛树和冬青为主。特殊保护区有重要湿地、特殊林地、特殊动物栖居地及工业棕地等资源，遗产包括工业遗产、建筑遗产、古迹遗址，以及非物质文化遗产。

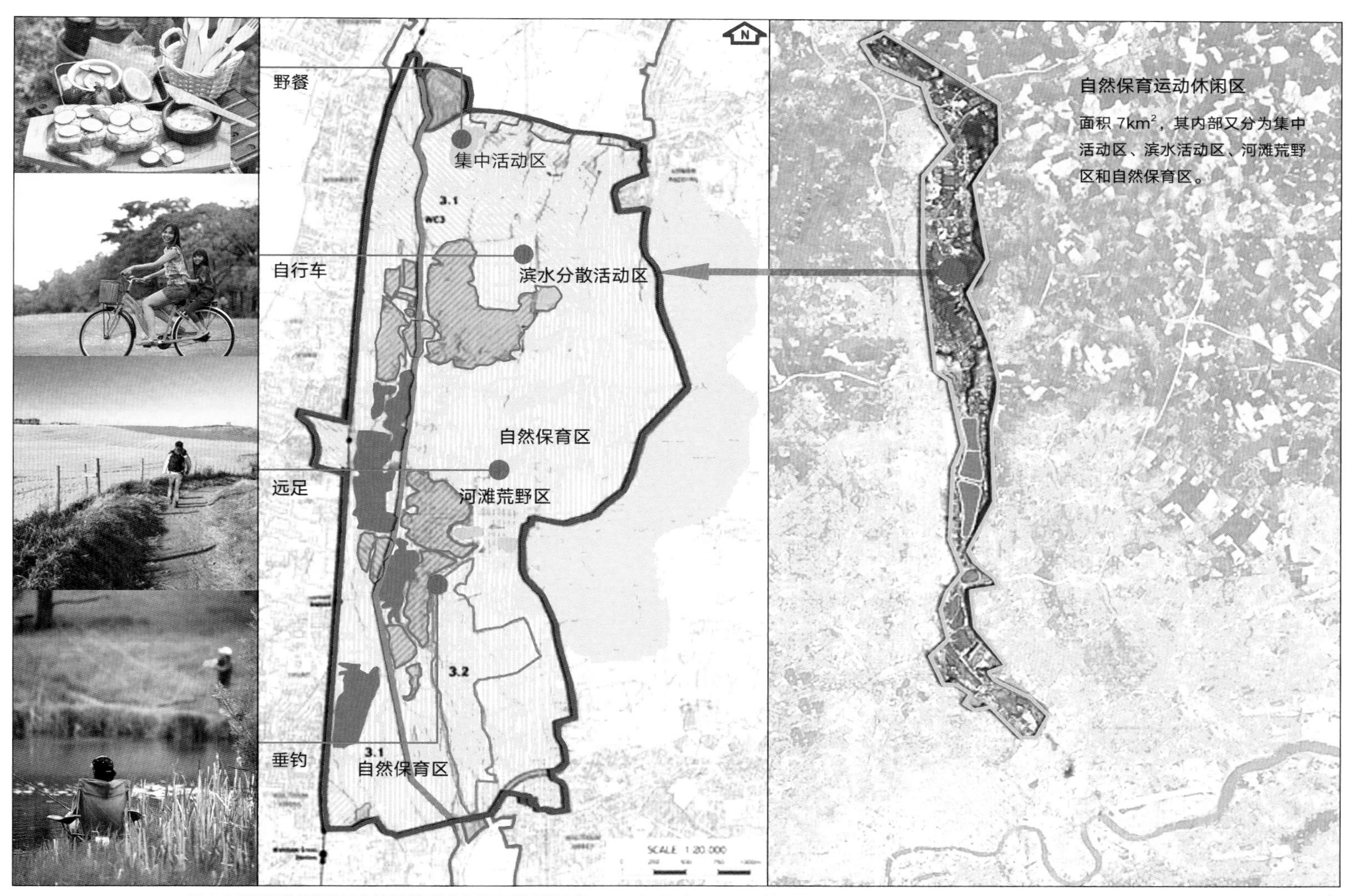

图 1-6 利亚河谷郊野公园自然保育运动休闲区功能示意图（Images by Praisaeng, pat138241, num_skyman at FreeDigitalPhotos.net, and by Freerange Stock Archives）

公园北部区域以乡村景观风貌为主，包括大面积的开阔农田；该区域的另一个显著景观特征是大量形状不规整的废弃采石场。这些采石场规模较小，经过长时间的生态演替，现已成为重要的湿地植物生长地和野生动物栖居地。公园中部区域景观风貌与北部区域有显著的不同，被密集的城市化区域所包围；在河谷平原区有大量水库。因此，这一区域对游客进入有着严格的控制，只允许在指定区域开展一些对环境影响很小的滨水游憩活动。相比以上两个区域，公园南部区域毗邻泰晤士河，道路与工业用地所占比例较大，半自然的景观要素显著减少，景观风貌以大面积的公共开放空间为主，与周边的城市地区有着紧密的联系。

3. 功能布局

总体来说，伦敦利亚河谷公园作为大伦敦重要的楔形绿地，主要功能是将郊野生态空间引入内伦敦，有效提升城市环境品质，为伦敦市民提供游憩空间。具体而言，公园由北至南分为 8 个功能区，功能各有侧重，主要包括生态保育、休闲游憩、康体运动、文化教育等方面公园内部供步行和自行车使用的游憩道路将绿色开放空间和游憩设施串联起来，同时是伦敦 2 000 km 步行网络的重要组成部分。公园内活动类型包括水上活动、休闲游憩活动、运动康体活动、文化体验活动等。其中，水上活动有垂钓、划船、独木舟、帆船、冲浪、水橇、潜水、船模等；休闲游憩活动以散步、自行车、骑马、野餐、烧烤、自然研习、科普教育等为主；运动康体活动提供的运动康体设施包括游泳中心、冰上运动中心、娱乐中心等；可以开展的户外运动包括高尔夫、户外拓展、儿童游乐等；文化体验活动包含文化遗产及遗址参观、传统文化体验、庆典活动等多种类型。

4. 实施管理

1966 年颁布的《利亚河谷地区公园准则》（*The Lee Valley Regional*

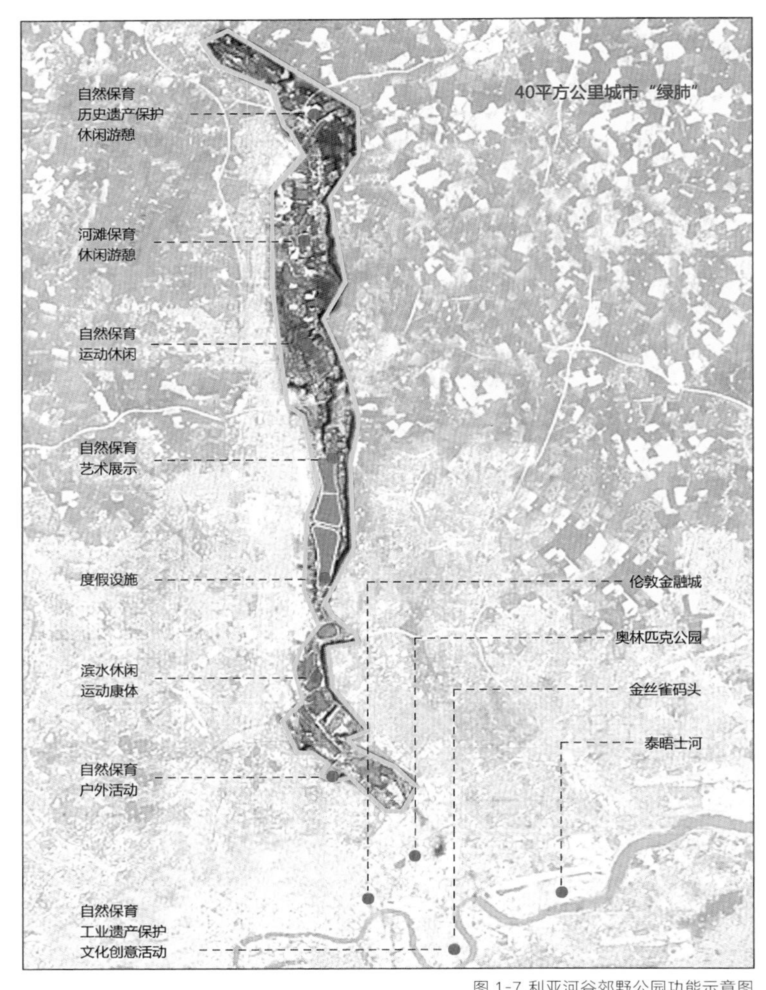

图 1-7 利亚河谷郊野公园功能示意图

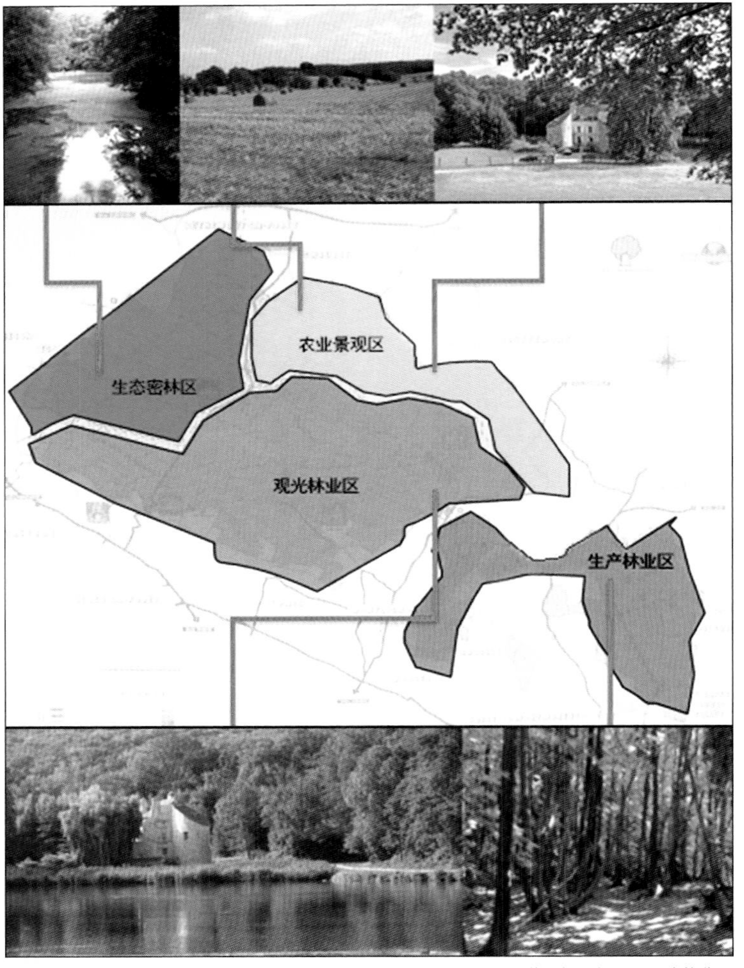

图 1-8 蒙莫朗西郊野公园功能分区

Park Act）明确利亚河谷公园管理局作为公园的开发管理机构。管理局于1967 年 1 月成立。

公园的建设管理资金来自伦敦、赫特福德郡和艾塞克斯郡 35 个管理部门因纳税人增加而增加的税收。以 1995—1996 年度为例，税收达 1 640 多万英镑。休闲设施花费 917.7 万英镑，收入 382.9 万英镑。其他费用主要用于维护乡村地区资产管理和其他服务，偿付利息，以及偿还贷款。

1.2.2 法国巴黎蒙莫朗西郊野公园（La Forêt de Montmorency）

1987 年巴黎地区议会批准了一项环城绿带规划，确定以巴黎为中心形成三层生态空间环带。①城市绿带：用地面积为 105 km^2，由城市公园组成，主要用于游憩休闲，穿插中心城区的绿地开放空间，形成绿带廊道。②近郊绿环：距离巴黎 10 ~ 30 km 的区域，60% 土地为绿地空间，由城市公园、农林生产用地和区域公园组成，主要用于农林生产和游憩休闲，面积为 1 178 km^2。③远郊绿环：距离巴黎 30 km 至大区边界，85% 为绿地空间，由农林生产用地和区域公园组成，主要用于农林生产、生态保护和游憩休闲，用地面积为 10 720 km^2。

郊野公园主要位于巴黎近郊绿环内，总面积约占近郊绿环面积的 60%，单个郊野公园的用地规模为 5 ~ 30 km^2 不等，用地类型以经济林地为主，农地为辅，穿插遗产保护公园。郊野公园中公共绿地占 48%，农田占 38%。国家层面的 4 个区域性公园（Regional Green Park）平均规模约 300 km^2，主要位于远郊绿环，小部分插入近郊绿环。

1. 基本情况

蒙莫朗西郊野公园位于巴黎市区西北方向，距离市中心约 20 km，距韦克桑（Vexin）区域公园仅 5 km，属于近郊绿环。公园交通十分便捷，蓬图瓦兹小型机场位于公园以西 10 km 处。两条巴黎城际快轨沿场地东西两侧经过，各设有四站，四周均有高速闸口，D3、99、124 三条主干道沿南北向平行穿过公园。公园是引绿入城的楔形节点绿地，占地约 20 km^2，其中 70% 以上为林地。

2. 景观风貌

公园整体位于长 12 km、宽 4 km 的高原地带上，地形变化丰富，高程介于 97 ~ 195 m。公园北部为农田景观区，南部以生产性林业景观为主，西部为生态密林区，东部的景观风貌由生产性林地与林中村庄相结合。公园 70% 以上用地为林地，景观林地、生态林地与生产林地相结合，其中栗树占总量 90% 以上，橡木作为补植树种比例有所增加，另有较珍贵的科西嘉岛和苏格兰的软木松树。公园拥有沼泽 158 hm^2，孕育了丰富的物种。古迹狩猎城堡坐落于小磨湖边，景色优美。

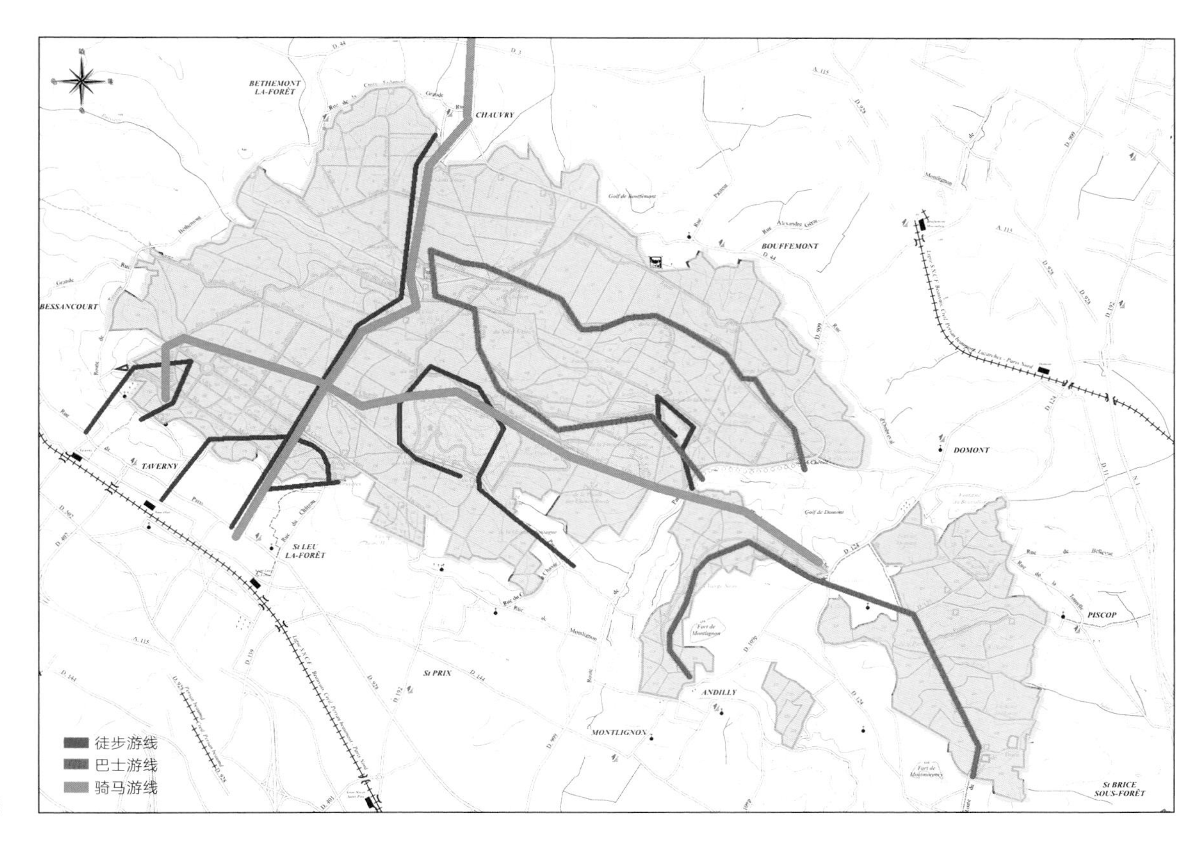

图 1-9 蒙莫朗西郊野公园游线

3. 功能布局

公园主要划分为北部农业生产活动区、南部林业生产区、西部生态保育区和东部集中游憩活动区四类功能分区。内部包括三条游线：步行游线围绕主要景点、设施和湖水；骑马游线穿越森林；巴士游线与骑马游线分离，电力巴士纵横连接外围城市主干道。公园内活动设施包括徒步旅行、狩猎、骑马、森林科普、人文景观、艺术活动、高尔夫球场、垂钓、划船等。

4. 实施管理

公园内的森林和土地属于国有财产，管理主体为国家林业部（Office national des forêts，ONF）。维护资金主要由国家常年专项资金拨款，区政府（巴黎大区下属分区）根据需要特批拨款，例如 2007 年支付 22.5 万欧元建设公益巴士线路、必要设备和森林道路。

区政府于 2002 年成立公园资产管理委员会，同时邀请国家林业部在当地设立办公室共同监管。委员以民选自然学家和常年使用者为主，每年召开二三次会议。除了管理资金，委员会还负责策划管理游客流量、宣传教育和对外谈判，同时保护公园自然资源，并预防以生态保护功能为主的森林公园演变成以游乐功能为主的城市公园。

1.2.3 美国芝加哥湖链公园（Chain O'Lakes State Park）

芝加哥大都市区以丰富的绿色空间闻名，共有 1 860 km^2 保护绿地。其中，包括 5 个州立公园，总面积约为 53.3 km^2，单个公园的规模在 10 ～ 20 km^2。

1. 基本情况

芝加哥湖链公园位于美国伊利诺伊州东北部，距离芝加哥市中心约 100 km，是芝加哥都市区州立公园的重要组成部分。该公园与三大湖（Grass，Marie，Nippersink）及一大河（Fox River）毗邻，共同组成该地区的湖链，享有水中仙境的美称。公园总面积约为 11 km^2，交通便利，173 州道、约翰斯堡 - 威尔莫特大道（Johnsburg-Wilmot Rd.）分别位于公园的北侧以及西侧，其中公园西侧大门位于约翰斯堡 - 威尔莫特大道。

2. 景观风貌

公园因湖得名，与三大湖及一大河共同组成湖链。公园以原生自然风貌景观为基础，以维护生物多样性为目标，呈现滨湖湿地型公园特征风貌。园内有一个内湖（17 hm^2）和一处自然保护区沼泽地（32 hm^2），水资源丰富。林地主要是橡树和山核桃硬木树，还生长着樱桃木、榉木、桦木、黄栌、云杉，色彩斑斓，有如仙境。

图 1-10 湖链公园功能分区（Images by Liz Noffsinger, foto76, Longshaw and James Barker at FreeDigitalPhotos.net）

3. 功能布局

公园包含自然保育区、湖区、集中活动区三个功能分区。主要游线以自行车路线、骑马路线、步道为主，主要活动包括骑马、野餐、划船、垂钓、露营、骑车、漫步等，公共设施以公共厕所、服务中心、垂钓台、饮水设施、淋浴设施、无障碍设施等为主。

4. 实施管理

1945年伊利诺伊州购买该公园的土地，湖链公园成为州立公园。此后，公园由伊利诺伊州自然资源部（Department of Natural Resources，DNR）管理，其主旨在于节约并保护自然、休闲和文化资源，促进自然资源教育和科学普及，维护公众安全。公园主要资金来自政府财政拨款，管理部门设立各项援助基金，将其投入各个专项园区建设和保护中。

1.2.4 日本东京明治之森高尾国定公园

东京都（除伊豆群岛、小笠原群岛外）共有 8 个自然公园，其中包含 1 个国立公园、1 个国定公园和 6 个都道府县自然公园，总面积约为 457 km^2，占东京都总面积的 20.9%。

1. 基本情况

明治之森高尾国定公园位于八王子市境内东京都西南，关东山地东南，东海自然步道的起始端，距东京都中心 50 km。1967 年，八王子市高尾山及周边一带被指定为国定公园。公园用地面积约为 777 hm^2，是日本最小的国定公园。交通十分便捷，京王电铁高尾线的终点站设在高尾山脚下，距离东京车站约 1 小时 10 分钟，从高尾山山口（清泷站）到山腰（高尾山站）有高尾登山电铁株式会社运行的登山电车和缆车，也可搭乘吊椅从山麓站坐至山上站。

2. 景观风貌

公园以高尾山山岭为主体，拥有大面积天然林地和多品种动植物，并分布有著名寺庙建筑。东京郊外拥有生长着枞树、橡树、红松、山毛榉等植被的暖温带天然林，栖息着多种多样的野生动物。高尾山生长着 1 300 种以上的植物，栖息着 100 种以上的野鸟和 5 000 种以上的昆虫，被称为“动植物的宝库”。另外，公园还有以高尾山药王院为主体的寺庙建筑景观和修道参拜文化的人文资源。

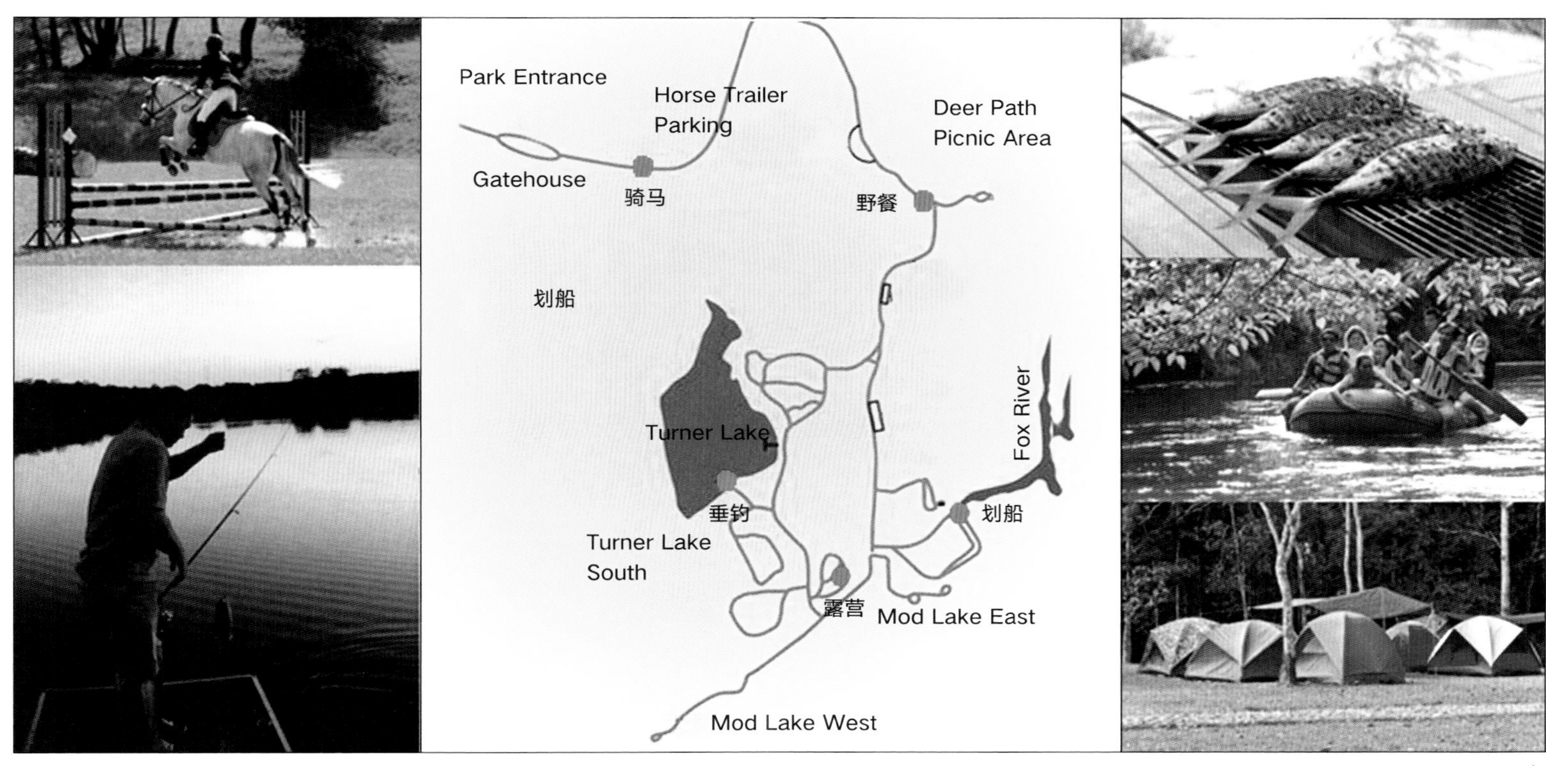

图 1-11 湖链公园活动设施（Images by njaj, rakratchada, koratmember, PinkBlue at FreeDigitalPhotos.net, and by BrianJGeraghty at www.freerangestock.com）

たばこ
お食事

3. 功能布局

公园划分为三片功能分区：高尾山脚片区（琵琶瀑布、蛇瀑）、高尾山腰片区（高尾山药王院、猴园、净心门等），以及高尾山山顶片区（游客中心）。另外，从山麓到山顶按不同主题规划 8 条远足路径，其中 6 条为“高尾自然研究路”，总长度 1 697 km，沿途有 500 多种植被花草。1 号路线为参拜药王院的主要路径，两侧植被多样；2 号路线是围绕野生植物园和猴园的环形路径，连通其他路径；3 号路线有丰富的亚热带树木和野生动植物；4 号路线以榉树、枞树林为主要景观；5 号路线以穿越雪松林地为特色；6 号路线穿越参天的杉树林，亲近琵琶瀑布；稻荷山路线以绣球花、天香百合及枫树林景观为特色；另外还有高尾山—阵马山路线可至阵马山。

公园活动类型以休闲游憩活动和文化体验活动为主。其中，休闲游憩活动包含登山、远足、散步、野餐、烧烤、自然研习、科普教育等，文化体验活动有寺庙参观、参拜、传统文化体验、庆典活动等。公园的主要设施有公共交通站点、公共厕所、游客中心、展望台、登山步径、登山电车、登山缆车、休憩座椅等。

4. 实施管理

根据《自然公园法》，国定公园首先由都、道、府、县提出书面申请，再由“自然环境保全审议会”审查，最后由环境厅长官指定都道府县管理。每个自然公园均要制定详尽的“公园计划”和“管理计划”，如对利用设施、行为许可做详细规定。

在资金筹措方面，主要由国家或都、道、府、县政府解决，小部分通过自筹、贷款、引资等多种形式解决。

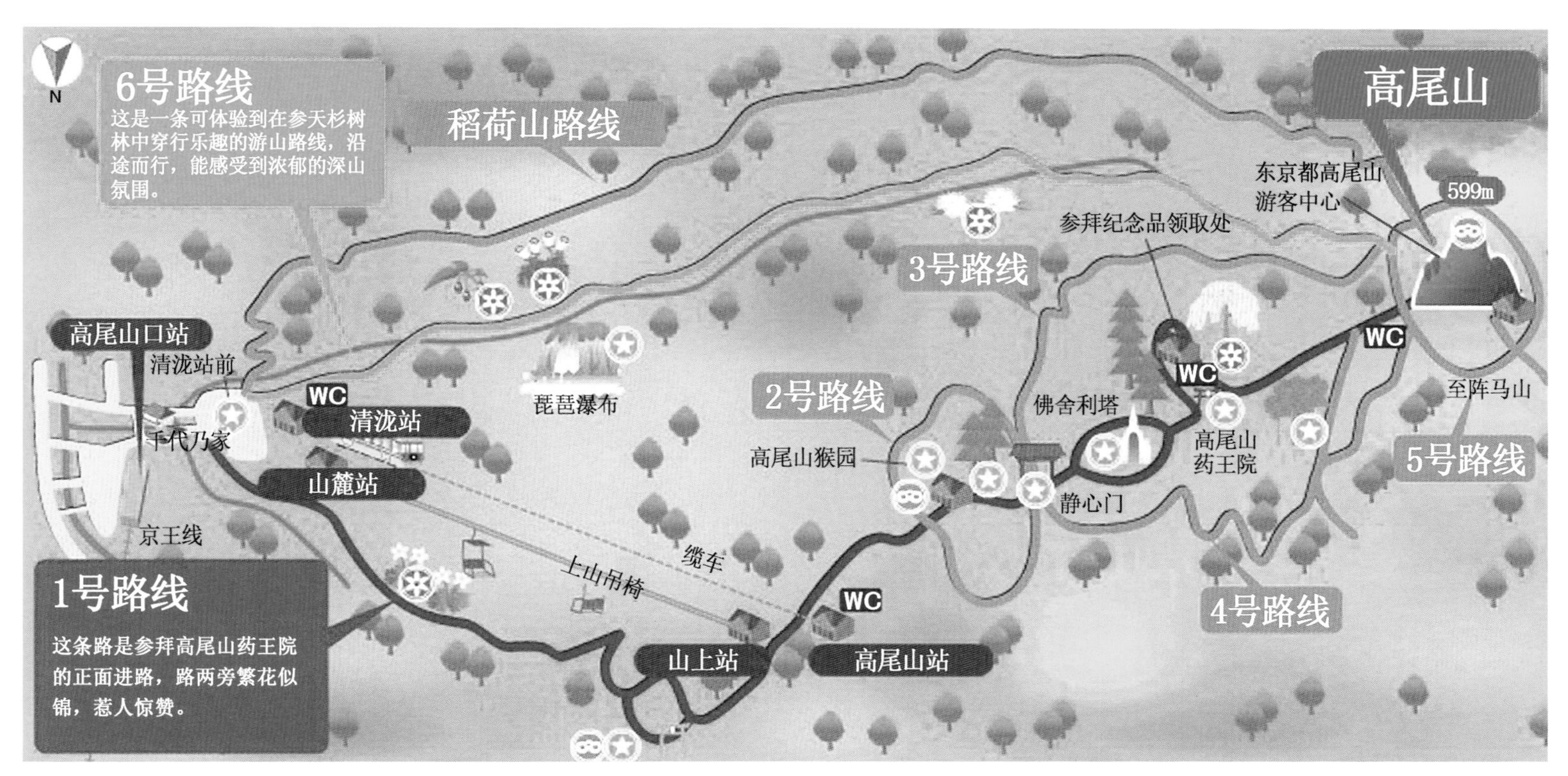

图 1-13 明治之森高尾国定公园主要游线

图 1-12 明治之森高尾国定公园风貌

1.3 国内郊野公园的实践

1.3.1 香港城门郊野公园

为了保护大自然，以及向市民提供郊野的康乐和户外教育设施，香港于 1976 年制定《郊野公园条例》，开始郊野公园的建设。按照《郊野公园条例》，香港在人多地少的背景下，已规划 24 个郊野公园和 22 个特别地区（其中 11 个位于郊野公园之内），总面积达 436 km^2，共覆盖全港 40% 的土地面积，是宜居城市的重要支撑。

为提高郊野公园吸引力，规划设置串联若干郊野公园的长距离的登山远足路径——麦理浩径（100 km）、卫奕信径（78 km）、凤凰径（70 km）、港岛径（50 km）。利用步行的方式体验丰富的自然风景，满足人们登山远足、亲近自然、认识自然及人文历史的游憩健身需求。

1. 基本情况

城门公园位于新界中部，毗邻人烟稠密的荃湾新市镇，成立于 1977 年 6 月 24 日，是香港最早的三个郊野公园之一。公园面积 14 km^2，北起铅矿坳，南至城门水塘道；西起大帽山，东至草山及针山。公园外部交通便捷，毗邻地铁荃湾站，可在地铁站换乘专线接驳巴士。

城门郊野公园作为第一批设立的郊野公园，在发展时机上与新市镇存在比较明显的关联。公园位于香港第一代新市镇荃湾的边缘，从空间关系上看，公园的存在将荃湾自 20 世纪 60 年代以来急剧扩张发展的态势遏制住。第一批郊野公园与中心市区和新市镇同时存在着密切的空间联系，这也是后来形成的郊野公园体系中唯一具有这种性质的关键地域。

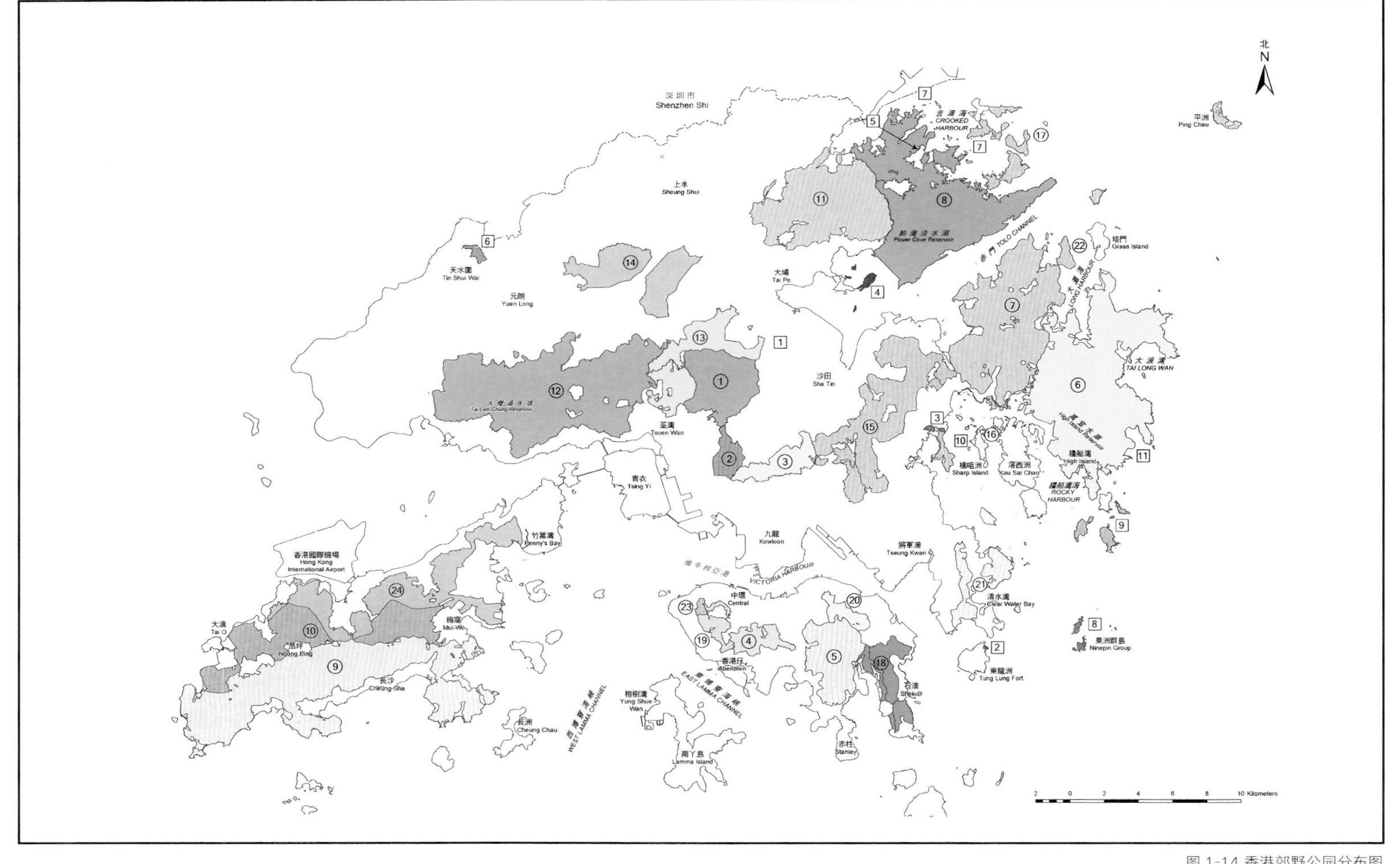

图 1-14 香港郊野公园分布图

表 1-3 香港郊野公园一览表[19]

编号	地点	面积（hm²）	指定日期
1	城门	1 400	1977-06-24
2	金山	337	1977-06-24
3	狮子山	557	1977-06-24
4	香港仔	423	1977-10-28
5	大潭	1 315	1977-10-28
6	西贡东	4 477	1978-03-02
7	西贡西	3 000	1978-03-02
8	船湾	4 594	1978-04-07
9	南大屿	5 640	1978-04-20
10	北大屿	2 200	1978-08-18
11	八仙岭	3 125	1978-08-18
12	大榄	5 370	1979-02-23
13	大帽山	1 440	1979-02-23
14	林村	1 520	1979-02-23
15	马鞍山	2 880	1979-04-27
16	桥嘴	100	1979-06-01
17	船湾（扩建部分）	630	1979-06-01
18	石澳	701	1979-09-21
19	薄扶林	270	1979-09-21
20	大潭（鲗鱼涌扩建部分）	270	1979-09-21
21	清水湾	615	1979-09-28
22	西贡西（湾仔扩建部分）	123	1996-06-14
23	龙虎山	47	1998-12-18
24	北大屿（扩建部分）	2 360	2008-11-07
	总面积	**43 394**	

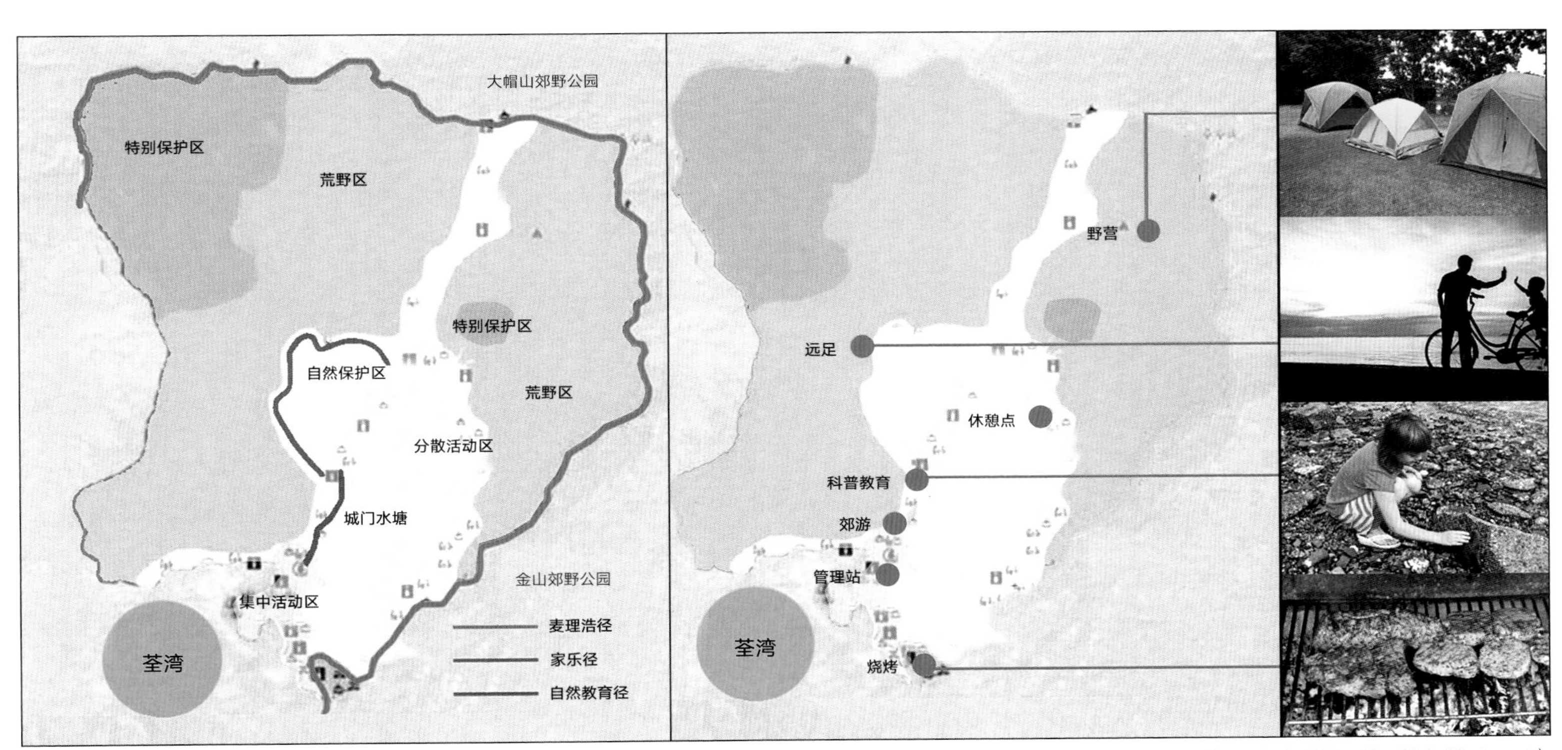

图 1-15 城门郊野公园功能布局及主要游线

图 1-16 城门郊野公园活动设施（Images by pakorn, arztsamui, Rosemary Ratcliff and franky242 at FreeDigitalPhotos.net）

2. 景观风貌

城门公园水资源丰富，大帽山下最大的储水库城门水塘，也是城门郊野公园最令人印象深刻的特色，城门水塘亦被市民选为“本港最佳的观赏蝴蝶地点”。大城石涧为远足界所选九大名涧之一，涧面宽阔，水源充足，是城门水塘的主石涧。

公园以丰茂林地和水体交融为主要景观特征，是香港主要植林区之一，林地资源包括标本林、风水林、城门谷林区等。公园拥有香港唯一的标本林，占地 4 hm^2，原为荒废梯田，至 2000 年共植有 270 多个本地及华南地区本地树种，对本土稀有及濒危植物的存护有重要意义。风水林内生长着超过 70 种丰茂古老的树木，该地区现已被划为受法律保护的特别地区。城门谷林区是全港数一数二的优质林区，形成亚热带森林景观。其他林地资源包括白千层林、茶花林等。

公园文化遗产资源有张屋村遗址、大围村遗址、采矿工业遗址等。

图 1-17 城门郊野公园风貌（Image by Minghong at commons.wikimedia.org）

3. 功能布局

公园规划有集中活动区、分散活动区、自然保育区、荒野区和特别保护区等五大功能片区。集中活动区位于入口附近，是公园内最方便、最容易到达的地区。可开展的活动包括烧烤、野餐、儿童游乐等，设有小食亭、厕所、告示板、电话亭、停车场、公交车站、游客中心等设施，游憩设施充足，是游人密度最高和使用程度最高的区域。分散活动区毗邻集中活动区，分布在城门水塘周边。此区域可提供较短的步行径，适当设置游憩设施。可开展的活动包括郊游等，在适当地方也设有休憩地点、避雨亭、观景点、告示板等设施。自然保育区位于公园较深入位置，此区域景观优美，开辟有远足径、自然教育径等郊野路径。可开展的活动包括远足等，设有路标、少量避雨亭等设施。荒野区位于公园最偏僻的区域，交通可达性差，已有路径也是远足人士通过探险踩踏出来的，保存着自然的景观状态。可开展的活动包括露营等，除数条小径外，再没有其他设施。特别保护区是具有科研价值的自然景观地区，管理条例比公园更加严格。

公园规划有麦理浩径、家乐径、自然教育径三条主要游线。麦理浩径是香港最长的远足路径，共分 10 段，经过城门公园的段落是其次短段落，由城门水塘上针山、草山，再下行至铅矿坳，全长 6.2 km，沿途基本无补给点。家乐径全长约 2.2 km，起点位于张屋村，穿梭于树木种类繁多的千层林，高山处亦可欣赏山下城门水塘及附近群山的湖光山色，沿途设有标志指示方向，并有告示牌简单介绍沿途景点设施等。自然教育径全长 800 m。由城门郊野公园游客中心前开始，沿城门水塘而上，是可通往大埔滘自然保护区的车路。沿途风景幽美，平坦易行。

4. 实施管理

城门郊野公园由香港渔农自然护理署负责管理。此外，香港政府对郊野公园的管理维护给予全面支持，每年支付约 2.5 亿元用于全港郊野公园的管理和维护，使管理部门可以专注保护香港珍贵的生态资源和自然景观。

1.3.2 其他城市郊野公园

香港郊野公园的成功，带动了我国部分发展比较快的城市在城郊地带规划和建设郊野公园。自 2000 年开始，北京、深圳、南京、天津等地借鉴香港郊野公园的模式，从城市发展和生态环境维护的需求出发，在城市边缘地带规划和建设了一批郊野公园。

1. 北京郊野公园

北京是全国郊野公园建设最快、最多的城市。北京郊野公园环由沿规划市区边缘的一系列郊野公园、楔形绿地、滨河绿带、隔离绿地共同组成，以森林为主要景观，是市区外围绿色生态环的重要组成部分。

《北京市城市总体规划（2004—2020）》提出北京市域绿地结构包含建立四大郊野公园作为国家公园。四大郊野公园选址于北京城历史轴和发展轴的顶端，与楔形绿地共同构成围绕中心城区外郊野公园环，用于抑制中心城市以“同心圆”模式蔓延，从结构上将北京的绿地系统连成一个整体，优化城市绿地生态功能。从 2007 年开始，北京市按照城市总体规划，启动绿化隔离地区“郊野公园环”建设，即以北京的第一道城市绿化隔离带为基础，通过对现有绿化隔离带进行自然化、公园化的改建，形成郊野公园。

根据郊野公园环建设规划，北京每年都将新建一批郊野公园，至今已建成八达岭生态郊野公园等 80 余个郊野公园。预计至 2020 年，朝阳、海淀、大兴、丰台、石景山、昌平六个区将建成至少 100 个郊野公园，充分实现郊野公园围绕京城一圈的设想。

2. 深圳郊野公园

从 2003 年开始，按照《深圳市绿地系统规划（2004—2020）》，深圳在全市划定森林、郊野公园的建设控制区，启动了 21 个郊野公园的规划建设，总面积 262 km^2，占全市面积的 13%，占全市林地的 27%。

深圳郊野公园建设主要考虑三个方面：一是保护优先，二是分区建设，三是控制建设规模。将森林郊野公园划分为核心区、缓冲区、实验区三个分区，核心区和缓冲区占公园土地面积的 80% 以上，禁止开发，只有占公园土地面积 20% 的实验区适当开放，为科学实验提供必要的条件，为游人提供参观考察、生态旅游的空间和必要的服务设施。深圳森林郊野公园严格控制建设量，总建设量控制在 1% 以下，低于国家规定的 3% 上限，而单体建筑也不超过 400 m^2，多为一二层的建筑。

截至 2013 年底，深圳市森林郊野公园总量已达 19 个。羊台山、凤凰山森林郊野公园配套服务设施比较成熟，历史悠久的马峦山、塘朗山森林郊野公园有部分登山道，其他的森林郊野公园正在筹建中。

3. 南京郊野公园

2006 年，南京市建委、园林局、农林局等部门拟定了《关于加强郊野公园建设的实施意见》，规划 46 个郊野公园，划分为森林公园、生态湿地公园、滨江公园和主题公园四大类型，其中 23 个以山林为主题、10 个以湖泊为主题、9 个以湿地为主题、2 个以农业观光为主题。在 2007 年的《南京市域绿地系统规划》中，郊野公园是重要的内容之一。目的是为了在城市快速扩张过程中，更好地保护近郊地区的生态景观资源，有效引导郊野公园和绿色产业的开发。规划根据当地的资源特点进行了郊野公园的选址与分类布局，同时还划定了郊野公园的绿化控制线，提出了郊野公园建设的目的是为了在城市快速扩张过程中，更好地保护近郊地区的生态景观资源，有效引导郊野公园和绿色产业发展。

目前南京已建成开放的郊野公园包括聚宝山森林公园、七桥瓮生态湿地公园、三桥滨江生态公园一期、仙林羊山森林公园等，2013 年将加快建设青龙山、老山、牛首山、幕府山、栖霞山五大郊野公园。

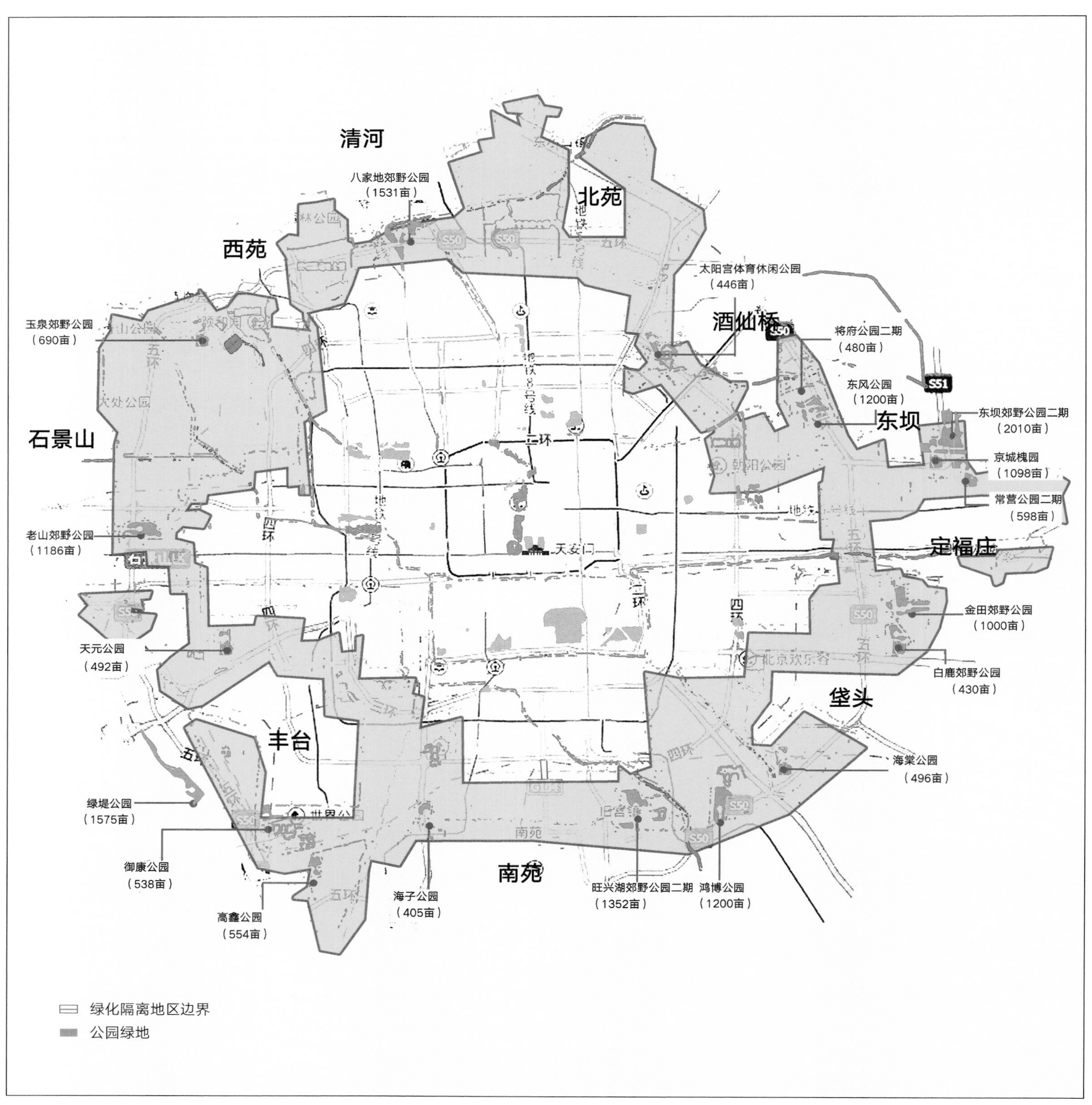

图 1-18 北京市郊野公园环

1.4 小结

综合国内外郊野公园的实践，可以看出，在区位、资源、游憩内容、设计理念与手法、服务对象及功能等方面，郊野公园有以下特征。

区位上，郊野公园主要选在位于郊区，距离中心城区约 2 小时车程（80 km）范围之内的位置，因其对交通可达性和便利性的要求较高。资源上，郊野公园更偏向良好的、原始或次生（经过生态保护和恢复后）的自然环境与景观，人为干扰较低，资源类型丰富多样，包括自然的山体、水体、沟谷、丛林和海岸、浅滩，以及特殊的地形地貌等。

游憩内容上，郊野公园适合开展与自然有关的活动，如散步、远足、骑马、越野、烧烤、露营、钓鱼、野餐等，以提供观光、游憩、娱乐、科普等活动为主，兼有休憩疗养地的功能。

设计理念上，郊野公园主要采用“生态·景观·旅游”三元论，即生态环境、优美的自然风景和适当的旅游。在设计手法上，郊野公园注重体现和体验古朴、自然及野趣，除少量必要的设施外，园林小品尽量采用形象、环保、节能、生态的材料和技术，重视人性化的空间布局、周密的安全保护系统和细致的管理措施。

服务对象上，郊野公园一般以自然与人作为服务对象，强调自然与人的平等性，人是自然的一部分，是与自然环境中的其他个体一起来享用郊野公园的，人类不能随意破坏环境或者剥夺其他动植物栖息和生存的权利。

郊野公园的功能主要体现在保护自然、改善环境、休闲游憩、科普教育等方面。郊野公园一方面保护自然，一方面使自然景观在动态的演进过程中逐步恢复，最终改善环境。作为抑制城市扩张的自然屏障，郊野公园在起到生态防护和限定城市开发边界作用的同时，也为城市居民提供了富有自然野趣、古朴清新的休憩环境，是生活在城市中孩子的大自然课堂，有利于拓展青少年对自然界的认识，激发人们致力于环境保护的自觉行动。

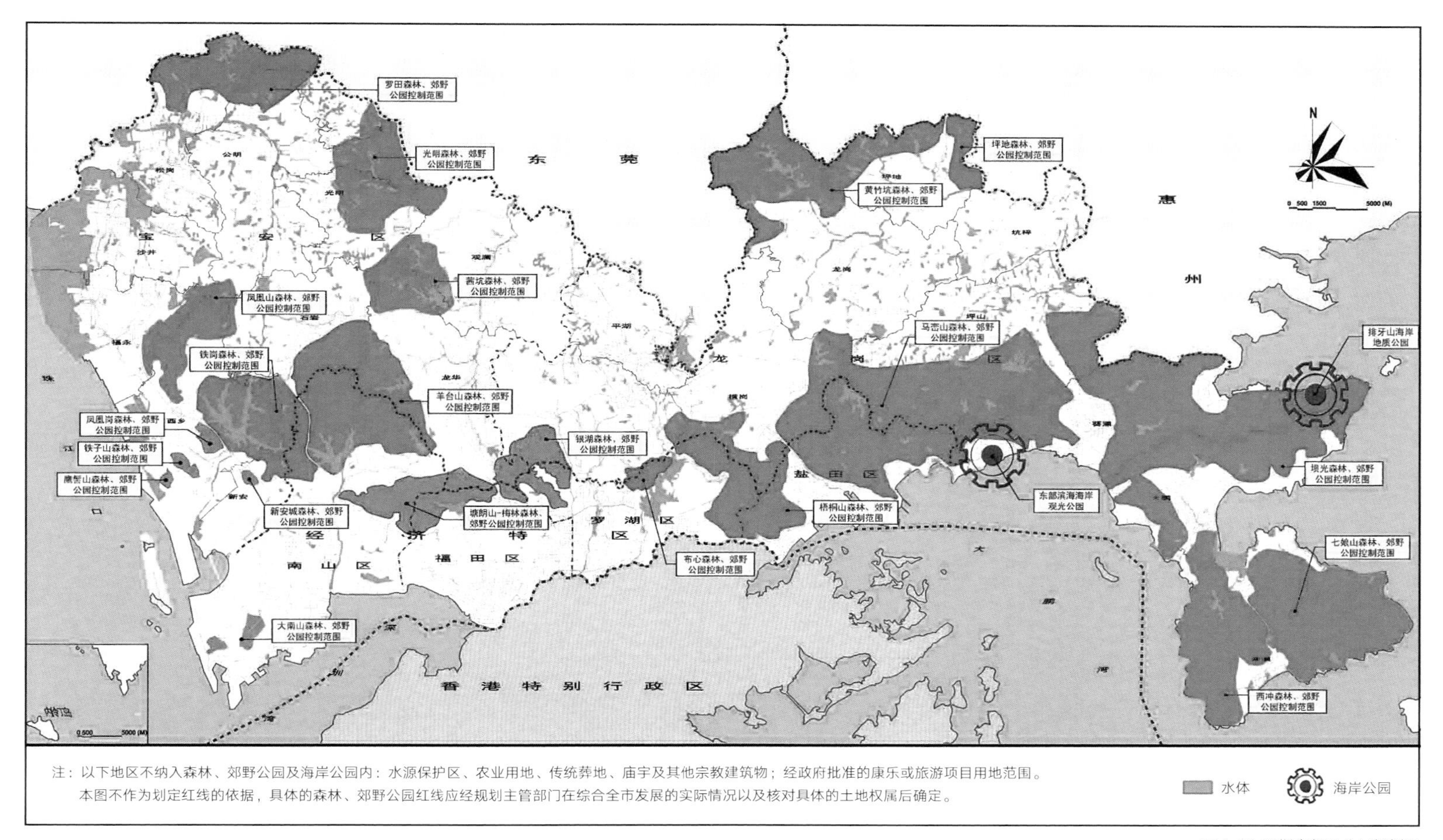

图 1-19 深圳市郊野公园规划图

CHAPTER TWO

上海郊野公园规划总体思路

Overall Planning Idea of Country Parks in Shanghai

CHAPTER SUMMARY

章节概要

按照建设美丽中国、加强生态文明建设的要求，上海提出了“聚焦生态功能、优化空间结构、尊重自然本底、兼顾游憩需求”的郊野公园规划理念，在郊区布局建设一批具有一定规模、自然条件较好、公共交通便利的郊野公园。这批郊野公园将逐步形成与城市发展相适应的大都市生态和游憩空间格局，成为市民休闲游乐的“好去处”、“后花园”。

2.1 上海郊野公园的地位和作用

上海郊野公园是城市生态格局的重要锚固点，生态建设的重要空间载体。建设郊野公园是保护和改善自然风貌，打造生态、宜居城市环境的重要任务；是坚持以人为本，满足市民游憩需求的有效手段；是优化城乡空间结构布局，推进郊区功能发展，促进城乡发展战略转变的重大举措。按

图 2-1 市民休闲游乐的“后花园”

图 2-2 上海郊野的自然风貌

照《上海市基本生态网络规划》，上海生态空间中心城以“环、楔、廊、园”为主体，中心城周边地区以市域绿环、生态间隔带为锚固，市域范围以生态廊道、生态保育区为基底。

郊野公园是上海生态网络空间体系的重要组成部分，其主要作用：

（1）有效推进城乡发展战略转变，生态优先，注重郊区功能发展；

（2）聚焦都市游憩需求，以人为本，塑造上海特色郊野活动空间；

（3）优化锚固城市总体空间结构，增绿添彩，稳定城市增长边界；

（4）加快实现城乡土地使用方式转变，整合资源，发挥综合效益。

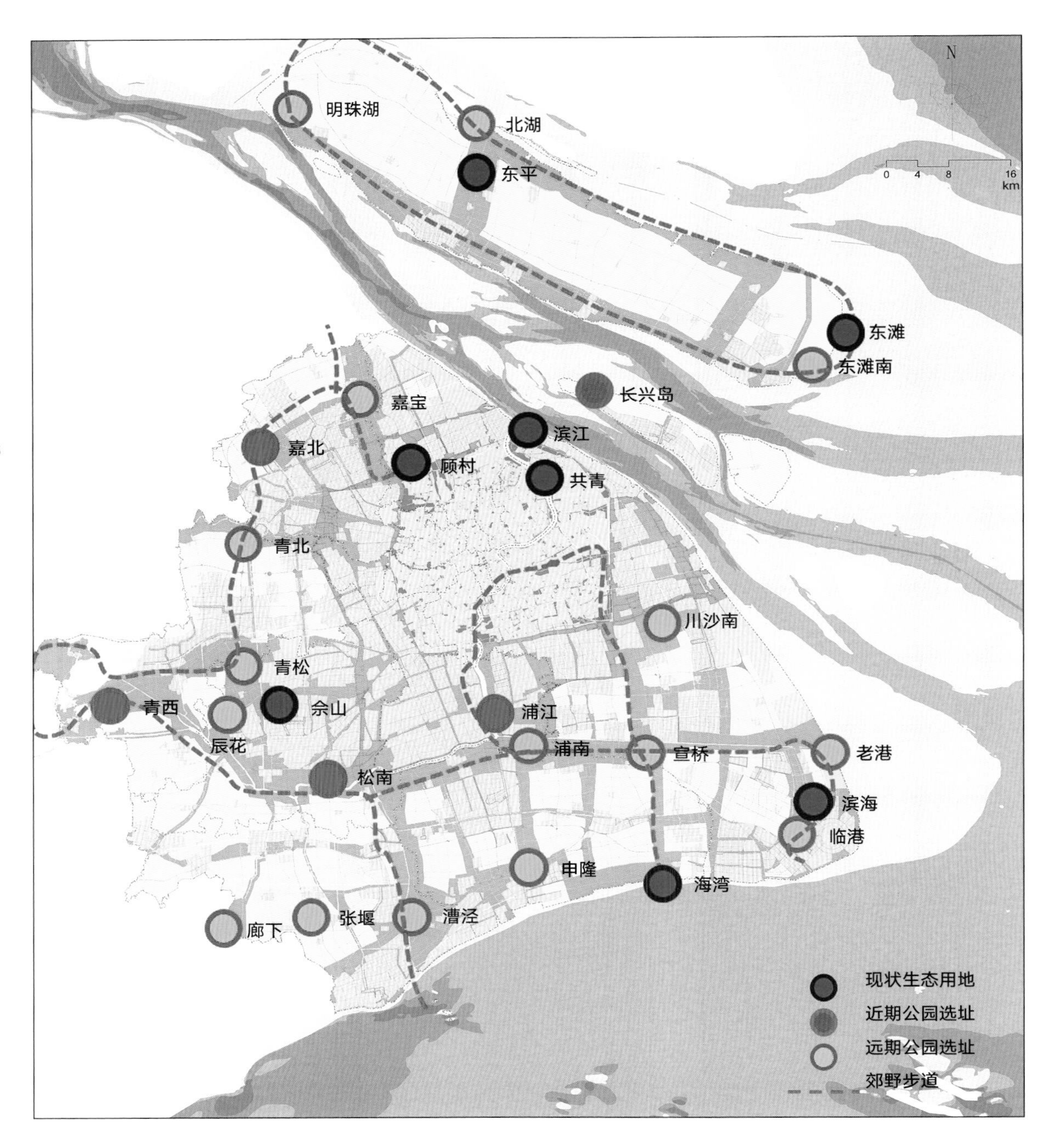

图 2-3 上海市郊野公园选址规划示意图

2.2 上海郊野公园的选址

2.2.1 选址原则

上海郊野公园选址于《上海市基本生态网络规划》中明确的生态用地范围内。郊野公园选址要聚焦在自然资源较好且具有一定规模的地区，一般选择规模不小于 5 km^2、具有优质自然景观的区域作为基地；要聚焦对生态功能有影响的重要节点地区，它们对构建上海基本生态网络、优化城市空间结构和防止无序蔓延具有极为重要的锚固作用；要优先选址毗邻新城和大型居住社区的地区，为市民就近提供休闲、游憩空间；要优先选择交通条件较好的地区，让全市市民能够便捷地到达。

2.2.2 总体布局

结合基本生态网络的整体布局和自然资源禀赋条件，共选址布局了 21 个郊野公园，总用地面积约 400 km^2。

《上海市郊野公园布局选址和试点基地概念规划》根据布局的均衡性和近期实施可行性，选择青浦区青西郊野公园（20.2 km^2）、松江区松南郊野公园（24.6 km^2）、闵行区浦江郊野公园（15.3 km^2）、崇明县长兴郊野公园（29.8 km^2）、嘉定区嘉北郊野公园（14.0 km^2）五个郊野公园作为建设试点，总面积约 103 km^2。借助五个试点郊野公园的探索性建设，把推进生态建设与改善郊区环境、促进农村发展、实现农民增收有机结合，努力使郊野公园能够满足生态保护、农业生产和游憩教育等功能要求。

2.3 上海郊野公园的特色

综合国际及我国香港地区的经验来看，郊野公园一般具有四个基本特点。一是尊重自然风貌，体现郊野特色。尊重原生景观价值，形成农林草湿相交融的自然景观风貌。二是注重游憩功能，强化活动组织。根据市民需求，在容量适度的前提下科学组织多样化的休闲活动。三是突出生态效应，加强环境保育。以保护生态环境为首要目标，维持物种多样性。四是

图 2-4 农田风貌

优化空间结构，遏止城市蔓延。作为界定城市空间增长边界的重要手段，引导城乡有序发展、协调发展。

综合来看，已有的郊野公园都以保护生态环境和维护生物多样性为首要目标，在充分尊重原生的自然风貌景观的基础上，适度开展多样化的休闲活动，以满足市民的户外活动需求。

上海郊野公园既具有尊重自然风貌、注重游憩功能、加强环保教育、优化空间结构等基本特征，又有上海个性特征。由于上海的郊野公园内大部分为具有生产功能的农田、林地、苗圃、鱼塘、乡镇工业及农村宅基地等，农业生产和农田保护的要求在郊野公园内将长期存在，故郊野公园具有基本农田保护、郊野土地整治等特色。因此，上海郊野公园规划既要实现农业生产与游憩的统合，兼顾生态和生产、统筹农业生产和农民生活，又要合理规划郊野公园服务设施，为郊野地区持续发展提供具备自身造血功能的空间载体，实现城市和乡村宜居、宜业、宜游的和谐发展。

2.3.1 加强生态保育功能

上海郊野公园的建设充分考虑了生态保育与景观规划的关系，尊重生物多样性和生态特性，加强郊野生态文化建设。湿地是最重要的生态要素之一，上海一半以上的郊野公园拥有湿地景观。湿地的生态保育功能主要体现在物质循环、生物多样性维护、调节河川径流和气候等方面。具体来说，枯水和丰水期的湿地为不同种类和群落的水生动物、水生植物、多种珍稀濒危野生动物提供了适宜的栖息、迁徙、越冬和繁殖的生境。好氧和厌氧交替的湿地环境条件在降解污染和净化水质上具备比单一环境条件高出数倍的强大功能，使其被誉为“地球之肾”。湿地植物、微生物通过物理过滤、生物吸收和化学合成与分解等过程吸附重金属、缓解水体富营养化。湿地还是陆地上的天然蓄水库，在补给地下水和维持区域水平衡中发挥着重要作用。此外，湿地常年稳定的水分蒸发在其附近区域凝聚雨团，形成降水，改善区域降水不均衡现象，具有调节区域气候的作用。

图 2-6 亟待整治的郊野土地

图 2-5 农业生产

2.3.2 提供天然游憩场所

上海郊野公园现状虽有若干森林公园和片林，但均以生态林种植为主，旅游接纳能力和设施配套有限。郊野公园规划应依托其自身丰富的景观资源和生态条件，通过对基础设施和景观节点的打造，提供适度的生态休闲活动空间，引导健康的休闲方式，为市民提供自然观光、旅游、娱乐等方面的场所，缓解城市与自然矛盾，满足市民游憩需求，促进城乡协调发展。

2.3.3 兼具科普教育功能

上海郊野公园的选址一般都在环境优美、历史文化底蕴深厚的郊野地区，能够在生动有趣的环境中，开展各类科普教育活动，成为上海市民了解自然、学习湿地科学知识的重要场所。上海郊野公园规划一方面应加强对既有物质文化遗产的保护，甚至修复还原部分具有历史文化价值的古迹，并为非物质文化遗产提供合适的空间场所；另一方面需合理组织活动流线，将文化挖掘、文化展示、文化教育、文化体验等各项活动融入公园游憩体系中，赋予游园活动以文化感知和文化传承的意义，使郊野公园成为上海历史文化内涵的一扇窗口。

2.3.4 保护基本农田生产

上海的郊野公园不同于城市公园，它所处的区域是城市外围，有上千年农耕历史。上海郊野公园中，基本农田所占范围较大，“田、水、路、林、村”是郊野公园地区主要的乡村风貌景观，也是重要的农业生产物质要素。

上海郊野公园的建设方式不同于城市绿地，也不同于旅游景区，更不能直接照搬国外以林地生态保育为主的郊野公园建设模式。上海的郊野公园建设必须兼顾农田保护和农业生产，解决好老百姓的吃饭问题，落实好国家“最严格的耕地保护制度”。因此，上海郊野公园规划设计需统筹兼顾保护基本农田、提高生产能力和塑造生态景观等目的。

2.3.5 创新土地整治路径

上海郊野公园的选址大部分位于乡村郊野或城乡过渡地区，既有较好的自然景观、郊野植被和田园风光，也受当地人口外迁和外来人口聚集两方面因素的影响，存在现状经济落后、环境脏乱等问题。郊野公园的规划、建设和管理，需要统筹协调城乡空间布局优化、土地资源利用、集体经济发展、基础设施建设、历史文明传承、社会管理体制建设等一系列问题，尤其是通过土地整治创新实现各目标协同发展。

郊野公园是资源紧约束背景下上海土地整治的重要途径之一，是上海郊野地区土地规划和管理工作创新实践的一块试验田。

图 2-7 农田作物

2.4 上海郊野公园的规划原则

2.4.1 突出生态优先，强化郊野特色

上海郊野公园的规划建设以“尊重自然、顺应自然、保护自然”为基本宗旨，保持郊野特有的农田林网、河湖水系、村落肌理，多自然，少人工。充分利用“田、水、路、林、村”各类自然要素肌理，体现从“以人为本”到“人与自然和谐”、从“园林为主”到“多学科参与”、从“注重物质环境”到“兼顾人文历史”、从“单纯强调生态”到“综合最优、和谐共生”的理念变化。

2.4.2 尊重本土文化，体现地域特点

上海郊野公园的规划建设充分梳理挖掘当地的“风、土、历、人、文”人文要素特征，整合地区物质与非物质文化资源，活用民俗活动、农耕文化、宗教传统等历史人文特色，凸显上海郊野江南水乡（水系、水乡、水景）W 特色文化。

2.4.3 关注市民需求，组织游憩活动

上海郊野公园的规划建设关注市民需求，在容量适度的前提下科学组织休闲、科普、健身、体育、艺术等多样化户外活动，并通过徒步路径、绿道游径串联。公园设施以满足安全和基本服务功能为主。游径步道尽量利用原有田间道路，采用自然、环保的路面铺装材料。

2.4.4 确保农民利益，体现可持续发展

农民和农田是上海郊野公园现状资源的重要组成部分。上海郊野公园在突出生态景观功能的同时，也要充分尊重原住民的生产生活需求，将推进生态建设与改善郊区环境、促进农村发展、实现农民增收有机结合。根据农民、农村、农业的实际情况，聚焦政策创新，探索造血机制，提供集体经济发展空间，为新农村持续发展提供内生动力。

2.5 上海郊野公园规划设计要素

2.5.1 田——织锦为底

1. 肌理特征

郊野公园内的村落属于典型的鱼米之乡，水网密布、水田交织，丰富的田园景观主要以农田水稻为主。从稻田与水系平面肌理关系来看，不同地区的稻田肌理呈现明显的特征，主要可以归为三大类：一是稻田肌理与水系垂直呈平行状分布；二是稻田肌理呈块状拼贴分布；三是稻田肌理沿河呈放射状分布。

图 2-8 农耕文化

水稻是适合劳动力密集型地区耕种的农作物，受制于人力有限，单块稻田的面积较小，稻田间以田埂路为分界线，互相接壤。

以与水系垂直呈平行状的稻田肌理来看，单块稻田的面积为 1 500 ~ 2 500 m^2，纵向间距为 15 ~ 25 m。块状稻田肌理的单块稻田面积较大，一般都在 2 000 m^2 以上，有些可以达到 5 000 ~ 6 000 m^2，一般多为 3 000 ~ 4 000 m^2。放射状的稻田肌理主要依河湾水系顺势而分，以条状放射居多，单块稻田面积在 1 500 ~ 4 000 m^2 不等。

2. 景观塑造

规划在尊重现状农田肌理的基础上，以集中连片保护为主导，形成与田野肌理契合的大地景观。

可以在某些特定的田野内大面积种植一种或几种四季呈现不同色彩的植物，起到绿化环境，美化景观的功能。大面积植物因其不同的色彩变化形成的天然“绿色屏障”也是园中绚丽的自然地景，形成“景观再造”的艺术效果，使人们在四季交替、万物生长变化间，感受到自然的独特魅力。

3. 生产组织

农业的规模经济是伴随着农业经营规模扩大而单位农产品平均成本不断降低而产生的一种生产模式，是农业发展的趋势。在郊野地区要鼓励土地相对集中，鼓励劳动力转移，逐步完善“企业 + 农户”的经营模式。

农业休闲化是另一个发展趋势，是指在传统的农业经营方式基础上，融入工业生产方式和各种服务内容的产业，包括农产品加工业和由此带动的产业链前后端等服务业。农产品加工业[1]既是第一产业向第二产业的进化升级、第一产业和第三产业的对接，也是第二产业和第三产业向第一产业的反向渗透和反哺，是现代农业同现代服务业、商贸业有机融合的必然需求。

2.5.2 水——串水成脉

1. 水网特征

水是江南的灵魂，多样的水体景观是江南风情的最好体现。密集、交错的水网构成了江南地区明显的线性、网状结构，形成了与河流、湖泊等

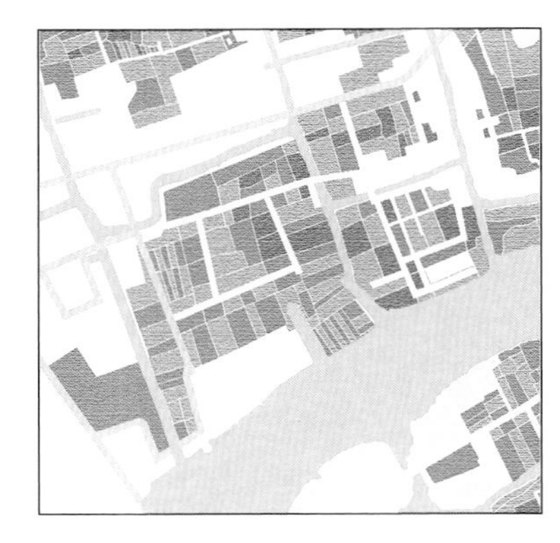

典型肌理

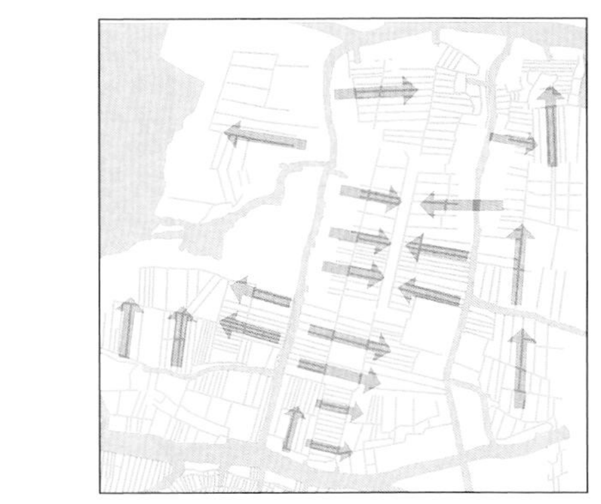
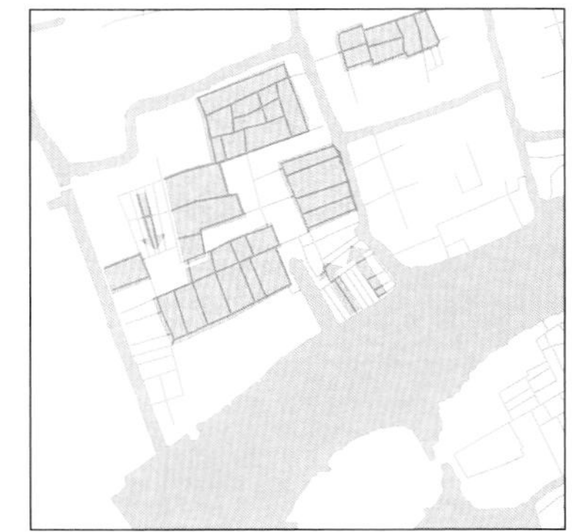
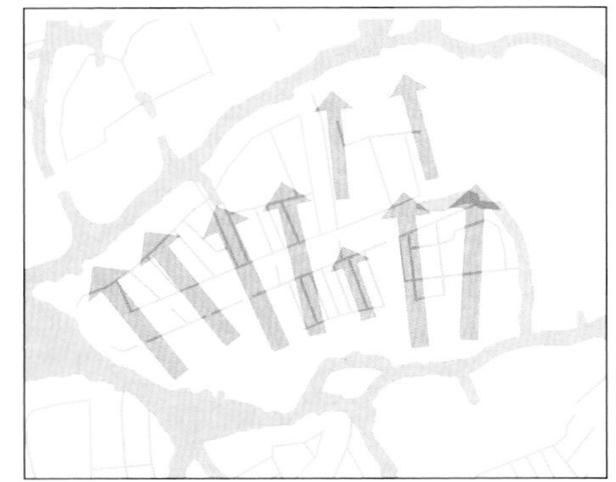

抽象分析

与水系垂直呈平行状分布　块状拼贴分布　沿河呈放射状分布

图 2-9 稻田肌理分类示意图

图 2-10 郊野水系景观

图 2-11 加强水质保护

水体密切相关的地脉关系。但随着城镇化的不断推进，城镇空间蔓延，河网水系减少，人为破坏严重，导致传统的、地域的特色逐渐失去。

上海地区水域包括海洋、河流、湖泊、水库、鱼塘、水田和人工湖泊等。上海市郊野公园规划区域大部分位于二级水源保护区和准水源保护区，其生态功能定位以“水源涵养”为主，同时兼有“土壤保持”等重要生态功能。但是，规划区域现状存在区域河岸侵蚀、引排不畅、水环境差和河流生态功能退化等问题，应加大整治力度，改善生态景观，为郊野公园环境品质的提升和生态旅游的可持续发展提供保障。

2. 水质保护

首先要尊重和保护自然，在重要水源涵养区建立生态功能保护区，加强对水源涵养区的保护与管理，严格保护具有重要水源涵养功能的自然植被，限制或禁止各种不利于保护生态系统水源涵养功能的经济社会活动和生产方式，严格控制水污染，减轻水污染负荷，开展生态清洁小流域的建设。同时加强水系综合整治，打造亲水型、具观赏性和生态价值的郊野公园。

公园内餐厅、宾馆等服务设施及工业和居民住户的污水，禁止直接排入公园内的水体。对于工业废水，全部实现纳管或达标排放，并考虑逐步退出公园区域范围。对于居民生活污水，要遵循接管优先、集中和分散相结合的原则，因地制宜地选择适用于农村生活污水集中处理的先进技术。对于区域内的餐饮企业和农家乐，由于其产生较多的油类物质，要先进行隔油处理，有条件纳管的必须纳管收集。对于区域内公厕污水的收集处理，建议采用生态型自循环水冲厕所，既可以做到零排放污水，也可以节约水资源。

加强水质保护，也要构建健康的水生态系统，调整水体中的植物类型与植物结构。在修复过程中，一方面通过种植岸上植物，包括乔木、灌木、草本植物等吸收土壤中的元素；另一方面，通过种植和配置岸边的挺水植物，吸收水体中的富营养物质，同时在水体中配置沉水植物和浮水植物也

图 2-12 构筑生态护坡

会对健康水生态系统的恢复有所贡献。植物的配置和恢复完成后，可以进行动物的引入和恢复。如此，可有效构建健康水生态系统。

3. 整治模式

在水系沟通的基础上，通过水利调控、河道底泥疏浚与资源化利用、半自然或近自然生态护坡、河岸生态景观配置与构建等相关技术的集成与优化，构建郊野公园污染河道综合整治方案。

1）引清调水，快速改善河道水质

利用现有水利工程在河网体系中进行水资源调度，是消减污染负荷、扭转水环境质量恶化的速治途径。通过优化的水资源调水方案，既可以增加引清水量，稀释河水，降低污染物的浓度，又可以调活水体，加快河网水体流动，提高水体的复氧、自净能力，加快污染物的降解，从而达到有效改善河网水质的目的。

2）沟通水系，生态清淤

积极引进先进的生态清淤手段，减少污泥中污染物质的释放；对具备沟通条件的水系，实施河道疏浚和沟通，增加水体流动性和水环境容量。

另外，可根据排水、灌溉等需要挖掘人工沟渠。人工沟渠作为排水和引水的廊道不仅具有改善土壤结构、灌溉农田、储存过量雨水、通过排水增加农业生产的作用，还可以净化水质，改善稻田湿度。特别在农业景观中，沟渠的存在为一些物种的保存和扩散、传播提供了合适的生境和廊道，增加了生物多样性。

3）生态护坡，恢复河坡生态系统

生态护坡既满足河道护坡功能，又有利于恢复河坡系统的生态平衡。它具有自动调节水文过程、缓冲洪水、控制侵蚀、防止水土流失、截留降解污染物等功能，因而使整个河流生态系统具有重要的调节功能。首先，设计时应因地制宜，进行与当地自然环境相和谐的设计。其次，尽可能利用原有材料，包括植被、土壤、砖石等服务于新的功能，使护坡处于良性循环中，从而使资源可以再生。对于坡度缓和或腹地大的河段，可以考虑保持自然状态，配合植物种植，达到稳定河岸的目的。对于较陡的坡岸或冲蚀较严重的地段，不仅应种植植被，还应采用天然石材、木材护底，以增强堤岸抗洪能力。对于有防洪要求的河道或腹地较小的河段，常建造重力式挡土墙的直驳岸来处理，也可采取台阶式的分层处理。人工直驳岸的亲水性较差，宜与自然驳岸或生态驳岸相结合使用。

4）营造人与自然亲近的环境

郊野公园河道的景观建设要充分考虑游客及当地居民的要求，建设一些与周边环境整体自然景观相和谐的河流景观，使河道两岸周边的空间成为最引人入胜的休闲娱乐空间。为了便于居民欣赏水域景观，在景观建设中还需要有亲水性，即创造人与水接近的条件，如亲水平台、亲水广场等。

2.5.3 路——连路成网

1. 基础资源

结合郊野公园现有路网，可与游径相结合的基础资源主要有公路、市政道路、水路、乡间道路、阡陌、桥等类型，满足游人赏景、散步、徒步、自行车、轮滑、骑马、研习等活动需求。

公路不仅是交通线路也是观景路线，可通行大型车辆。将其规划为游径连接郊野公园各功能区，使游客快捷到达，既起到延伸道路两侧视觉空间、营造景观的作用，也可以有效避免人流拥堵现象的发生。可作为 Ⅰ 级游径。

市政道路、乡间道路、公交线路以及水路连接各功能区内的景点和旅游服务设施。可作为 Ⅱ 级游径。

阡陌和桥，由于其路面较窄，仅供游人步行。可作为 Ⅲ 级游径。

图 2-13 结合现有路网

图 2-14 尊重生态的游径设计

2. 设计原则

（1）符合上位规划中关于用地的划分，联系城市交通路线布局。

（2）满足郊野公园功能需求。游径主要承担组织空间、引导游人的功能。因此，在设计游径时，首先应将郊野公园的景点按照一定的顺序衔接起来，主次分明，避免单调或重复。同时游径选线也应提供游人丰富游憩体验，设置相关的健身、娱乐设施，增加游人的参与性与互动性。

（3）因地制宜。结合地形设计、场地文脉设计。郊野公园游径除了连接景观景点外，更重要的是要使游人和环境特征巧妙地结合在一起。通过将各种景物需要展示的形态展示出来，编织景区和谐统一的诱人景色。

（4）生态优先。上海的郊野公园位于城市周边，多具有生态保育的意义，对现状及规划的生态环境必须重视和保护。郊野公园游径的设计，应尊重公园的生态原貌和原有植被。游径在选材、铺装方式等方面都应尽量减少人工材质，就地取材。既与周围环境融为一体，又能节约成本。

（5）以人为本。郊野公园游径的设计前提是保护游人的安全。选线时应尽量避开危险区域。如果一些区域风景优美，但是容易发生安全事故，则必须在技术条件成熟的情况下，适当设置观景平台，安装防护栏，安置警示牌，加强质量监管。另外，铺地材料的选择也应注重安全性，尽量不要使用易滑的材料。在保障安全性的前提下，还要考虑游径的舒适性。例如是否合理安排游径中途休息场所，休息凳、卫生间、避雨设施的数量是否足够，等等。

（6）提高观赏性功能。交通道路在公园的美学中起着重要作用，很多时候人们在公园中沿游道游览是为了观赏道路与周边景观配合的风景，交通系统中的道路本身也可作为观赏的要点，成为人们游览公园时的极佳去处。

（7）因势而为。郊野公园的游径设计也需结合郊野公园的特色，注重艺术手法。游径的开辟不需要花费过多的人力和物力去改变地形，而应随着地势起伏变化稍加整治。游径的形式要灵活多样，否则易使人厌倦。适合郊野公园的游径形式有土路、砖砌甬道、蹬道、木栈道等。游径的设计也不要盲目地讲究弯曲，而是要精心设计线路，尤其要讲究视线的对景，利用游径的曲折转向，在步道的每一个拐弯处，让游人欣赏到不同的景色。

3. 设计手法

1）分级设计

Ⅰ级游径的自然度和敏感度最低，其承载量和可达性高，通常由原有的城市道路、区镇道路组成。宽度应大于 6 m，以容纳车量和行人双向通行。但也不宜过宽，使其缺乏导向性。长度根据区域条件的变化而定，无特殊要求。Ⅰ级游径的平曲线半径参考值为 10 ~ 50 m，最小值为 8 m。入口位置应考虑郊野公园外城市道路的联通关系，以及停车场等服务设施的设置。因此，Ⅰ级游径应位于郊野公园的停车场附近、城市道路节点处；应具备完善的指示设施，包括地点、方向、解说、警示等指示牌，它们各有不同的功能与作用。入口处应设置全景区导览图，明确说明游客所在位置、游客须知及沿线景点。在主要景点及游径分岔口处设置方向指示牌，并以色彩及图例表示。于游径入口或可能发生意外的地点设置警示牌，提醒游客注意。

Ⅱ级游径的自然度与敏感度稍高，承载量稍低。此级别的游径主要供有游憩体验及科教学习需求的游客使用，其宽度维持在 3 ~ 5 m，以满足少量车量、行人双向通行和自行车、轮滑等活动的要求。长度根据游径的类型不同而变化，其中休闲风景游径控制在 8 km 以内；健身游径控制在 0.5 ~ 4 km 以内；科教游径控制在 2 km 以内。Ⅱ级游径的平曲线半径参考值为 6 ~ 30 m，最小值为 5 m。相较于Ⅰ级游径，Ⅱ级游径的功能丰富，使用人群不同，而且自然度较高，与基础环境更接近。因此，Ⅱ级游径的形式和材料可以更为多变，以满足游径的设计目的。Ⅱ级游径入口应与Ⅰ级游径相接，并联系特殊景观节点或功能区。人流量较Ⅰ级游径少，但会有大量游客停留或上下车的情况，因此，应配套有停车空间、公厕及解说、指示、服务设施等。

Ⅲ级游径位于游径系统的末端，多以特色的自然或人工景观环境为主，在设计时，应尊重场地内的基地纹理和原有道路，尽可能减少游径对基地环境的破坏。Ⅲ级游径的路面较窄，仅供游人通行，步道的宽度应在 1.2 ~ 2.0 m。长度控制在 5 km 以下。Ⅲ级游径的平曲线半径参考值为 3.5 ~ 20 m，最小值为 2 m。Ⅲ级游径也应与Ⅱ级游径连通，在游径入口处应设有简易的方向指示服务设施。游径的景观优美处设置休憩空间，如休憩平台、观景点等。

2）景观设计

（1）入口设计

游径的入口主要起到交通换乘、连接进入、标明游线的作用。设计要求简单、便利、体现游径特色。休闲风景游径更应重视因地制宜，控制尺度，以减少对环境的影响。游径入口处重在对游径风格及文化内涵作整体展示，加强与周边社区的联络，增强游憩功能的发挥，连接附属游径。如科教历史游径的入口重在指示引导人们进入游径。

（2）堤坝桥涵

由于地处典型的水网密布地区，河湖航道交织，堤成为重要的亲水、治水、跨水的构筑物。而桥作为水乡村镇中不可缺少的设施之一则更为常见，并在景观中起着重要的作用。

郊野公园内的桥多以石板桥为主，常跨村内小河而建。因河网交织，常把村镇分割成若干个块状组团，因而桥就成为各组团间的重要联系，也常是人流汇集的焦点。

图 2-15 可达性高的Ⅰ级游径

水乡中的桥不仅本身造型优美，还可以为人们欣赏水景提供方便。江南村落，建筑物十分密集，尽管河道纵横交织，但由于沿河两岸均为建筑物所占据，人们完整欣赏水景的机会并不多，然而一旦站立到桥上，水乡村落的景色便马上浮现于眼前，桥成为欣赏水景的绝佳地点。

在水乡村落中，桥头附近也是人们活动频繁的地段之一。过往于桥上的行人，无论上桥或下桥都要经过桥头。桥头附近往往有人停留，或玩赏水景，或看人来人往，或淘米洗衣，而桥头附近常是开敞空间或小广场。依据江南一些地方的习俗，桥梁不能正对民居大门，一般桥多与路口小广场组合成开放空间，既能缓解交通问题，又能形成村内的公共活动中心。

桥和桥头广场在郊野公园内不仅提供行人驻足欣赏村落风貌整体景观的空间，其本身也是水上游线的重要景观，这一双重属性将形式与功能完美地统一。桥是郊野公园内塑造江南水乡村落风貌景观不可或缺的构筑物之一。

（3）石阶铺地

路面可采用多种多样的形态、纹样，衬托、美化环境，营造不同的场所感。纹样起到装饰路面的作用，铺地纹样常因场所的不同而各有变化。路面纹样、材料与不同地段的意境相结合，可以加深意境。铺地图案不仅具有材料美、形式美、内容美和意境美，还颇具生态美。

主要街巷建议采用青石板砖铺地，砖石尺度可大可小，色调偏灰，体现江南的特色风貌。

邻水步行空间多采用长条石板铺地，横排和纵排会有交错。地面简洁大方，体现江南水乡的古朴之感。

园地空间可设置在水边或公共活动空间周边。园地空间的铺地可参考江南园林铺地的形式，如花街铺地和石材铺地。花街铺地往往以砖瓦为界组成图案，图案内镶以各色卵石、碎石、碎缸片、碎瓷片等，组成各种纹样。石材铺地直接采用条石、石板、湖石、碎石等自由铺装。小环境内的造景铺地往往需要注重颜色和纹理，要与周围景色相结合。

（4）道路植物配置

道路景观是体现郊野特色的重要环节，郊野公园道路绿化应以一定宽度的带状绿带为形式，形成林荫道路，以自然式布置为主，强化野趣特色。同时，根据大冠幅、浓荫树种的基本要求，结合花果、彩叶等景观特色，选择适宜的常绿与落叶树种，并结合花灌木和地被植物的自然式种植，形成具有森林特色的生态景观廊道。

图 2-16 具有森林特色的生态景观廊道设计意向图

3）指示系统

（1）标识设施的设计

标识系统是游径系统重要的组成部分，既可以帮助游人了解郊野公园的自然、科学、艺术价值，更好地保护自然资源，又可以为游人提供信息服务，引导各类休闲、游憩活动。郊野公园的标识系统可分识别标识、导向标识、信息标识、管理标识四类。表现形式根据不同的功能而不同。

识别标识以图形、文字表明主要设施和景点；导向标识起着交通疏导的作用，在空间转换或交叉的地方，为游人指明所处方位，引导周边设施及景点位置；信息标识是游人与景点交流的媒介，包括景点、景物说明、设施使用说明、历史人文展示等内容；管理标识针对不同的环境和人群而使用，使游人自觉保护郊野公园的资源环境，按照规范约束行为，避免危险。

设置标识时应注意：在游径的入口处应设置标志指示设施，注明游径线路图及游径长度等信息，并告知游客相关注意事项。游径沿线于适当距离设立长度说明指示及方向指示设施。此外，在沿途交叉口必须设立方向指示设施。在指示设施的材质选择上，尽可能与游径的自然环境相融合。

（2）解说设施的设计

游径中的解说设施着眼于增加游客的经验，使游客对景区的意义、特征、活动有深刻的了解和理解。在解说设施的设计上，可根据其自然资源或人文历史背景导入适宜的主题，以吸引游客，增加其使用该游径的意愿，如在游径入口处设立游径信息的标志牌，上绘游径地图，并注明游径的长度和特色。解说系统标志上的信息要确切、有趣、简短、易于理解。

解说设施设计的一般准则有：内容应浅显易懂，解说设施应循序编号，可采用图文并茂的方式以方便使用者寻找。应考虑解说设施在游径的位置，使游客能清楚看到版面内容。根据游径的使用强度，解说设施的数量应有变化，在主要游径或人流密集区域宜多设置景观。

2.5.4 林——化林为韵

1. 植被特征

上海植被属中亚热带北缘常绿阔叶林带，植被类型属常绿、落叶阔叶混交林地的过渡性植被。目前有标本记录的种子植物有 168 科 981 属共 1 900 种。但除了一些水生的植被、沿海沼生植物以及人类活动干扰较少的少量区域还保留一些自然植被外，较难见到自然的植物种类。

图 2-17 上海郊野植被

由于上海地区受人类活动影响大，自然原生植被多已消亡，原有的自然生境几乎被建筑物、混凝土地面以及农田等人工植被取代，大多数低山丘的植被都为次生林和人工林，平原上的野生植被主要是非地带性草甸草本植被。而城镇绿地植被多为人工构建，如林地植被、行道树、绿地植被、观赏植物、农作物和经济作物等。

从植被分区看，西南部低矮丘陵地区主要分布次生林灌丛和人工林；西部地势低洼地带为水生沼泽植物；滨海新成陆地区主要为沙生和盐生植物。从水平分布格局看，东部沿海地区为盐生植物群落，中部为中生植物群落，西部为沼泽和水生植物群落。

2. 景观塑造

一方面，遵循生态保护和生态恢复相结合的原则，通过对原有植被的分析，确定保护对象与保护方式，突出原有生境和场地生态、景观潜力的挖掘和发挥，通过原生态保留、部分保留和改造优化相结合，营造体现自然生态特征、景观优美和场地记忆显著的新型郊野森林公园。

另一方面，从游憩空间设计的需求出发，以四季变化为特点，塑造规模化特色植物景观。通过引进观赏价值高、管护简易、可规模化栽植的优良园艺品种，营造展示效应突出的植物景观，满足公园活动和经济收益需求。根据郊野公园自身特点，进行相应的特色植物景观营造。

3. 生态设计

1）林地植物配置

首先，重点保护利用生长良好、群落发育健全的现有植物及特色植被等。在保护林木资源的基础上，对树木生长良好、群落外貌完整、种植形式单一的林地，实施保护性改造利用，延续森林整体的外貌景观。应对这些林地进行适当的抽稀调整，改变人工规则化种植形式，减少种群密度，增加林地透光度，为植物的健康生长创造条件。同时，适当引进地带性树种，丰富林冠结构和森林外貌。对林下的草本植被予以积极保留，保护林地的自然景观，并为鸟类和小型哺乳动物等创造良好的栖息生境，维护生态系统的自然演替过程。对植物配置明显不合理、树木强度去梢、密度明显偏大、生长衰退、形态不良的低效林地，包括管理水平低、苗木质量差的苗圃地，应予以淘汰，实施新的种植规划设计，为郊野公园植物景观营造提供场地。

其次，根据上海地带性植被的种类组成、结构特点与演替规律，适当进行地形营造和土壤改良，模拟自然，采取多树种、多规格、多层次混交，构建适应当地生境的近自然植被；选取近自然植被营造的植物选择原则推荐的主要植物，突出自然更新在近自然植被形成方面的作用与技术途径；从场地生境的生态特征、多样性混合生境营造、重建潜在植被结构等方面，形成近自然植被的种植设计；模拟自然的绿化技术和方法，通过生境改良、自然式栽植、低度养护等途径，将人工营造与植被自然发育结合。

林地植物配置的方法还有：选择野生动物喜好栖息和具有良好食源的植物，营造野生动物适宜生境；突出绿化植物的挥发保健型物质，筛选保健型植物，形成融保健、景观、文化于一体的植物群体；利用植物在花色、花期等方面的丰富性和差异性，选择不同习性和生境适应性的野花植物，进行人工诱导和人工培育，等等。

2）湿地植物配置

湿地是上海郊野公园重要的生态景观基础，构建生态功能完善、景观效果优美的滨水区湿地植物景观，是突出郊野公园自然野趣特征，发挥公园生态、游憩和休闲功能的重要途径。上海郊野公园的湿地植物配置应强调近自然化。为了达到最佳和可持续的景观效果，除了遵循植物造景原理外，满足植物的生态需求是基本要素。

规划根据上海地区典型湿地植被分布特征，提出突出陆地 - 湿地 - 水体植被过渡带的生境营造途径，结合挺水植物、浮叶植物、沉水植物及岸边耐湿植物的生态习性、适生环境和生长方式，推荐将水质净化功能与湿地景观相结合的植物种类。专题研究总结上海湿地绿化应用的主要水生和湿生植物的适宜温度、适宜水深、喜光性以及繁殖与栽植技术，使设计者能根据陆生与湿生的生态序列特点，在深浅不同的水位选取适宜的植物种类进行配置，突出湿地的季相变化配置形式。

根据水生和湿生植物多以集群分布和无性繁殖生长的特点，栽植应以丛或块状形式，避免均匀或等距离种植和过分强调多物种混植，并实施有效管控。根据水面、驳岸、沼泽等湿地类型，选取适宜的优选植物及合理的栽植方式，丰富郊野公园湿地景观。

根据上海郊野公园水系纵横的特点，通过选择适宜的花灌木、湿生观花草本植物，营造自然野趣浓郁的林间花溪景观。

2.5.5 村——追忆乡愁

1. 规划选择

对郊野公园内的村落采取保留、拆迁和改造三种方式。一般而言，离水库较近的村庄建议拆除，交通设施服务半径以外的偏远零星宅基地建议拆除，质量较差的建筑建议拆除。被拆除村落可复垦为水塘、农田等，以强化生态布局肌理。

2. 空间格局

根据村落与水系的关系，大致可将村落形态分为全岛型、半岛型、散点型、绕水组团型、沿水伸展型五类。

全岛型村落的水岸线较长，可利用这一特点，在沿岸形成较为完整的景观界面。同时，可以根据不同地区的特点，进行分段定位和特色景观规划。沿水边形成完整的步行系统，可进行环岛游览。

图 2-18 江南民居传统风貌类建筑

半岛型村落有较长的水岸线，可对沿岸景观进行定位和规划，同时注重景观向内部的渗透。

散点型 / 鱼骨状村落依水系的流向和水系的汇聚点分布，通常沿水或在水系端头形成，可根据各个村落的特点对其风貌进行不同的规划和定位。

绕水组团型村落中有数条水系，将村落分割成若干组团，可形成一水两岸的村落景观风貌，在水流的汇聚处形成公共开放空间。

沿水伸展型村落主要沿水流在两岸形成独特的村落风貌景观，可分段进行特色定位，塑造开放空间。

3. 细节设计

1）农宅院落

院落是村落构成的基本单元。以一般普通民居的院落为例，通常由居住用房、辅助用房、自留地、井台、农机具储藏室（农机具大户）、院子、院门等部分构成。居住用房一般为三开间两侧坡屋顶。辅助用房一般为单层坡顶，由于依水而居是江南水网地区基本的生存方式，因而辅助用房大多紧邻水边，按水与院落的相邻关系，可以分为住房正面 / 背面临水与住房侧面临水。

2）建筑风貌

上海地区村落建筑多依水而建，基本保持了江南水乡特有的粉墙黛瓦格调，但局部混杂着改建或新建建筑。依据建筑的风格与形式，可分为江南民居传统风貌类、风貌传承改造类、现代风貌改造类。

江南民居传统风貌类建筑以两层为主，粉墙黛瓦，坡屋顶，窗户较小；既有独栋式，也有组合院落式。附属建筑多位于住房西侧或面水一侧，以一层居多，主要为杂物用房。

风貌传承改造/新建类建筑延续传统民居的特征，以白墙、灰墙为主，砖红色为辅，主要用于屋顶和其他装饰。此类住宅大多建于20世纪90年代，在传统建筑形式的基础上，去除了檐口、马头墙等细节的装饰，以简洁实用为主。

现代风貌改造/新建类建筑风格多样，包括新型农村民居风格和仿照欧式风格，建筑体量较大，建筑外立面颜色多样，以浅色贴面砖为主。对于规划师和建筑师而言，如何在保护传统风貌的基础上，设计出既能满足现代村民生活需求，又能融合传统文化的创新建筑形式是亟待解决的问题。

3）街巷广场

街巷广场是村落中最重要的交通空间，不仅承担着交通作用，还是居民交往的空间，在有些自然村落中，街道两侧还是重要的商业公共空间。

村落中街道的形成大多具有自发性，街巷大多为带状的条形空间。江南水乡地区，街巷与水系的组合，又形成非常特殊的水街。由于自发形成，街巷两侧的建筑通常参差不齐，使街巷忽宽忽窄，或者出现一些小转折，从而形成丰富多变的街巷空间。

广场在村落中主要是用来进行社会交往活动的场所，通常与宗祠寺庙一起构成村落的公共活动中心。有些广场依附于寺庙存在，这种类型的广场主要用来满足宗教祭祀及其他庆典活动的需要。广场空间布局十分简单，有些就是在寺庙之前的一个放大的空旷场地，但却给人一种豁然开朗的感觉。另外，在日常生活中，水是人们不可缺少的资源之一。在农村地区，家家户户都需要从井中取水，井便成为村落的重要元素之一。为方便汲水或洗刷衣物，井的周围多用石条砌筑成井台，形成一个有空间限定的场所。还有些广场与村落的供销社、村委会、老年活动中心联系在一起，不仅是人流集散之地，也是村民互相交往的重要空间。

规划时，应梳理街巷与广场的空间关系，整治村落公共环境，尤其注重桥头广场、公共活动中心广场的设计与整治，形成街巷广场一体化的公共空间。

图2-19 风貌传承改造类建筑

图 2-20 富含地域特色的农民画

2.5.6 文——以文为魂

数百年来形成的民俗风俗与风土人情，直接影响人们的生活方式和建筑空间的布局。文化传承是人们记忆历史、传承技艺的需求，使地域文化得以彰显，是上海之所以为上海的原因。通过对传统文化再造和新型文化创新，将使地域文化在新环境下不断延续。

1. 丰富的地域文化

郊野公园中文化要素具体涉及郊野公园的历史遗迹、民俗文化、地域文化、乡土风情、文学历史、民族音乐、宗教文化、自然景观等要素。上海郊野公园中，其文化要素是植根于上海郊区乡土文化的，包括生成于郊野地区的文化要素和由外传入后本土化了的文化要素以及它们的综合体，大致可以分为物质文化和非物质文化两大类，其中非物质文化主要包括民间文艺与民间歌舞，以及民间节庆。

依据物质文化资源产生的外在影响条件，可以把上海郊区物质文化资源分为两种类型：一是依托人地关系而产生的物质文化资源，如构成江南水乡景观的重要元素——河流、桥梁和船舶；二是以文脉传承为主题的物质景观，如昭示“天人合一”哲学思想的传统民居、具有代表性质的私家园林宅第，以及街道、河埠、桥堍、茶馆等公共空间。

上海民间文化资源种类繁多，内容丰富，形态多样，通过不断传承和发展愈加丰富多姿，形成了诸多具有鲜明地方特点的文学艺术品类。山歌、田歌、民谣、号子、小调等具有浓郁郊野气息的民间歌谣，以青浦田歌和奉贤山歌最为典型；借助服装、道具等，利用各种有节奏的动作表达情感、理念并传播文化的民间舞蹈，常有音乐或歌曲伴奏，郊野乡土色彩颇浓，如手狮舞、舞龙、舞狮、踩高跷等。历史悠久、曲种繁多、节目丰富、广为流传的锣鼓书、钹子书、打唱、宣卷、皮影戏等民间曲艺；以松江顾绣和金山农民画为代表的民间美术；以劳动人民为主体创作的，反映劳动人民智慧、心声和愿望的民间口头文学等。

民间节庆是一种民间自发组织的，反映群体关系的活动。群体之间的一些关系在经久不衰的活动中日益形成规范，成为隐性制度。因此，民间节庆是郊野文化的重要组成部分，是一种重要的郊野文化要素。民间节庆也是郊野文化的传承载体。民间节庆活动的展开，使得那些几乎被人遗忘的传统习俗与文化活动得到重现，传统的手工艺得到发展，郊野文化得到交流。上海郊区民间节庆的类型包括传统的民间节庆、人生礼仪节庆、现代民间节庆和上海庙会等。

2. 文化再造

针对不同形态的文化艺术空间，可以用不同的方法进行空间再造。

对于具有保存价值的物质空间，可采用情境再生和景观重塑两种方法复原物质空间。通过建筑、场景、人文活动的有效组织，实现地方文化的再现、再生。同时，找到它再现的地标、场景、仪式、工具和人物等，为其展示找到物质载体。如郊野公园内可进行古村的古街修复工程，通过对历史环境的整治，再现其自然和人文景观。

对于历史空间，可发掘郊野公园内现有的传说，结合地方土特产、工艺品开发旅游纪念品。

上海乡村旅游以及农业旅游的发展，使大多村镇在保留、发展其原有意识空间的过程中表现出强烈的目的性，纷纷挖掘自身独特的文化内涵，形成发展旅游的筹码。意识空间的再造主要是通过“旅游化生存”实践加以实现的。旅游化生存实际上是为了达到传承与发展的平衡，寻得经济与文化的双赢。具体方法有以下两种。

一是以“核心象征”的提炼为主的表演。这类表演的特点与文化空间的时间性、空间性、文化性等特点相吻合。以村落为天然舞台，以村落传统文化为核心象征，让游客体验并了解地方文化，实现经济效益和社会文化效益的统一。

二是以展示为主的文化景观旅游。意识空间的活态性、空间性决定它必须找到它的现代生存方式，必须找到物质载体，即一种实实在在的文化景观。发展文化景观旅游，向游客展示村落历史，并使其能够感受到独特的文化氛围，是意识空间再造的目的。

3. 文化创新

在郊野公园建设中，当地文化作为彰显地域特色最主要的元素之一，应得到深入挖掘，设计者应寻找各种载体对文化进行演绎和展示。总体来说，可通过以下六种类型文化项目使文化活化：文艺演出、手工艺传承、科研教育、实物展示、将文化融入其他业态和场景模拟。

郊野公园内部可以设置符合公园主题特色的文艺演出，如歌曲演唱、舞蹈、曲艺、戏剧、器乐、杂玩、民俗表演等。需指出的是，郊野公园内文艺演出节目最好能凸显当地特色，保护和传承当地文化。

公园内可设置手工艺制作及研习的文化项目。一方面可以通过 DIY 的方式，让游客亲自参与到比较简单的手工艺制作中；另一方面，可以依托当地的手工艺传人，制作档次比较高的旅游纪念品，让游客在选购的同时了解当地手工艺特色。如嘉北郊野公园内竹刻是其特色手工艺，可以设置竹刻 DIY 项目，并安排专业竹刻师傅面授，同时也有竹刻笔筒等特色手工艺品出售。

依托郊野公园的特色自然资源及人文资源，可设置对游人进行科普教育的文化项目，例如自然教育、人类文明教育等项目。除了展示一般面上的知识，还需要挖掘出郊野公园自身的特色，尤其是特有物种、历史特色生产方式、地方文化名人，以吸引游客。

实物展示项目，主要是展示郊野公园所在地发展中人类活动的物质成果和可视化精神成果，例如松江顾绣、金山农民画，当地农耕渔猎时代遗留下的石磨、渔网等。

还可以将郊野公园文化融入其他的业态，借助其他业态展示文化。例如通过建筑参观，如青西郊野公园白墙黛瓦的建筑特色、小桥流水人家的建筑布局风格，展示当地浓重的水墨江南文化特色。

场景模拟文化项目，主要是针对郊野公园原来的历史文化场景以及民俗文化场景进行再现的项目。例如在某些村落的老街上，模拟以前的集市喧闹场景；模拟特色手工艺作坊生产制作情景；模拟旧时婚嫁敲锣打鼓、红红火火的喜庆场景等。

CHAPTER THREE 3

江南·梦
——青西郊野公园

Qingxi Country Park

CHAPTER SUMMARY

章节概要

3.1 体味江南，青西概况

浦江源头，丰富生态
秀水阡陌，归园田居
江南故地，风土人文
溯洄从之，道阻且长

3.2 寻梦江南，理念思路

依水而生，塑造特色
以梦为引，延续三脉

3.3 筑梦江南，方案构思

三区划定，功能布局
特色塑造，景观分区

3.4 入梦江南，生态水乡

莲湖淡烟——生态整体修复，寻找失去江南
在水一方——特色水体塑造，体验最纯江南
枕水田园——田林结构优化，找寻陌上江南
伴舟慢行——体验游憩活动，感受文化江南

风吹芦苇倒，湖上渔舟漂，池塘荷花笑。

快速的城市建设，被污染的空气与环境，消失的湿地，消失的水乡和农田……江南的生活，江南的传统自然要素和生活方式，渐渐被人们遗忘于大都市的生活中。

青浦区西部，两省一市交界处，金泽与朱家角镇内，“九州的古扬州，江南中的江南”，崧泽文化之起源，湖河田交织于此……这是大隐隐于市的江南水乡。

太湖流域，淀山湖、太浦河、泖港三水交界的地势最低洼处，坐拥大莲湖，具有“太湖支脉”、“淀湖之角”、“浦江源头”和“江南故地”的优良特质，拥有上海独一无二的湖泊湿地资源。

沪渝高速公路（G50）穿过，沪青平公路穿越，规划轨道交通 17 号线东方绿舟站紧邻，这是触手可及的江南胜景。

青西郊野公园，上海独特的远郊湿地型郊野公园，它是我们伴舟寻梦的水乡，记忆里归去的江南。

3.1 体味江南，青西概况

3.1.1 浦江源头，丰富生态

风吹芦苇倒，湖上渔舟漂，池塘荷花笑。江南这一特定的地域概念，

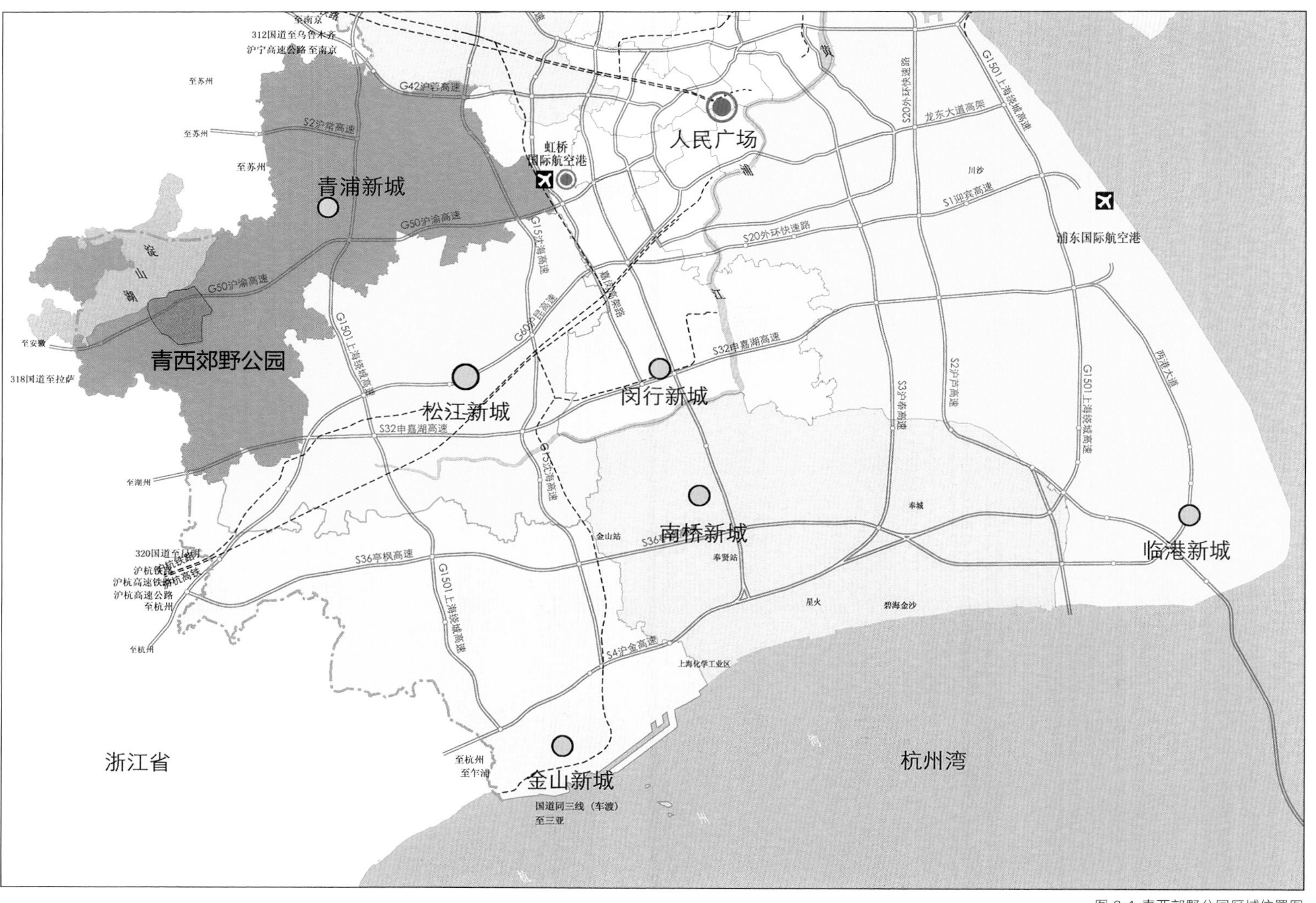

图 3-1 青西郊野公园区域位置图

根植于水网纵横的自然地理景观格局，并衍生出包括衣、食、住、行在内的各种民风民俗，青西正是江南的代表。

淀山湖是上海境内最大的淡水湖泊，也是上海的母亲河——黄浦江的源头之一。青西郊野公园位于淀山湖地区，上海与江苏、浙江的交界处，公园面积 22.35 km^2。由朱家角镇和金泽镇所辖，这个地区聚集着上海市 21 个自然湖泊，是上海重要的水源保护地和生态保护区。

青西郊野公园是水的天地，“湖、滩、荡、堤、圩、岛”，处处有水；连片的农田，独特的农业景观季节变换，金秋时节，稻穗飘香；大量林地分布于拦路港以东区域，树种多样，错落有致；依水而建的江南村落散落其中，展现出特有的水乡肌理。独特地域文化、农耕文化、历史底蕴，为公园增添独特的人文景观。

在水的孕育下，公园内湿地、湖泊、河流、森林，多样化的生态环境使地区生态系统完整，水生生物物种多样，堪称上海本土水生物种基因库。上海淡水湖泊湿地生物种类的 80% 都能在此找到。区域内分布着底栖动物 3 纲 10 科 36 种，两栖爬行类动物 6 科 31 种，调查到的鱼类有 42 属 62 种，记录到的鸟类有 17 目 48 科 313 种，种类和数量达到国际重要湿地的标准。

中国濒危动物中华秋沙鸭、震旦鸦雀等在公园内可寻踪觅迹，水獭、小灵猫、大灵猫等时有出没，蚌类、蟹类、虾类及梨形环棱螺、中国圆田螺、河蚬、淡水壳菜等优质经济水产物种也在此生长。

图 3-2 青西郊野公园是水的天地

3.1.2 秀水阡陌，归园田居

1. 江南秀水

水是江南的灵魂，多样的水体景观是江南风情的最好体现，也是青西郊野公园最大的特色。基地内水域（含养殖与坑塘水面）约占总面积的40%。中部是近1 km^2的大莲湖，荷塘、鱼塘等水面和滩涂围绕其集中分布，北横港、拦路港等现有河道相互连通，与湖漾、河港、池塘、水渠等水域构成了纵横交汇、岸线多变、生态丰富的湖泊湿地，展开鹭影翩跹、绿水潺潺的水乡画卷。

2. 归园田居

日出而作，日入而息，逍遥于天地之间而心意自得。农田林网下的传统农耕方式“看似寻常最奇崛，成如容易却艰辛”。

承载着上海的水源保护和生态保护的要求，凿井而饮、耕田而食的传统农业生产方式一直在这里延续。13% 的基地面积都是当地的居民世代耕作的土地，这些耕地多临水分布，春种油菜、水稻，夏植茭白、水稻、莲荷，秋季风吹稻浪，四季风物闲美。

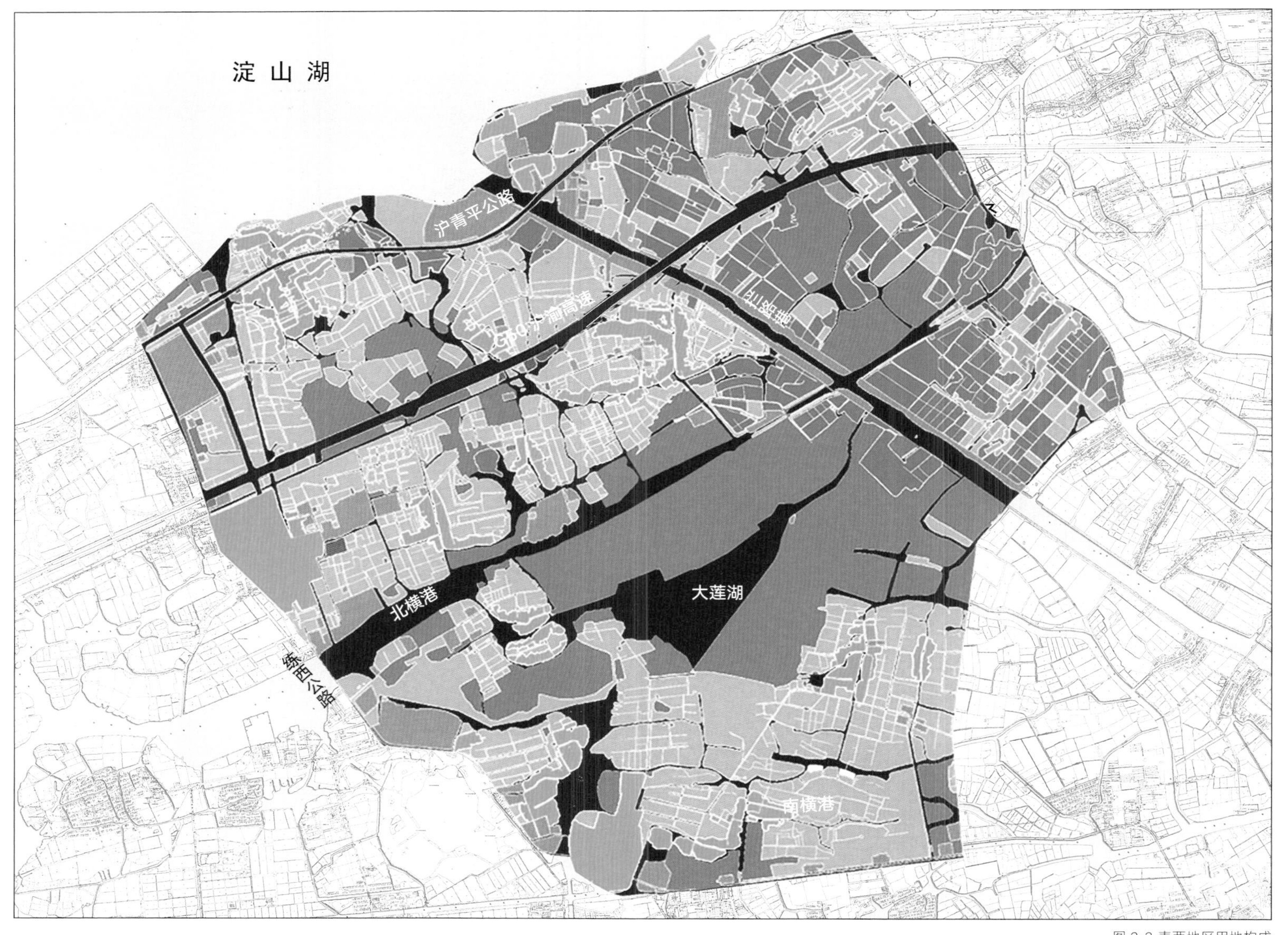

图 3-3 青西地区用地构成

图 3-4 青西地区的水体景观

3.1.3 江南故地，风土人文

自古诗词多出于江南，或壮阔磅礴，或柔细如风，江南承载了不可方物的柔情，也承载了大江南北的厚重与非凡气势。青西郊野公园周边环绕着周庄、同里、甪直、西塘、乌镇、南浔六大江南古镇，村落布局和村民生活相比基于市场导向开发的古镇，少了些喧嚣，多了点古朴淡然。而青西地区则是历史上的古扬州，谓曰九州的古扬州，既充满自然的诗意灵性、柔和旖旎，又有古老人文的细腻韵致。

金泽镇和朱家角镇的村庄依水而建，村落与水系勾勒出独特的江南水乡村落格局。淀峰村、西岑村、三塘村为河网围绕民居布局，东天村、育田村、河祝村则为河网半包围民居布局，安庄村、莲湖村沿河线性分布，庆丰村村落沿支流散点团状分布。村庄建筑围绕祠堂、三室两点等公共空间形成由外向内的向心结构，同时结合晒谷场、桥头广场等开敞空间园，形成大小不一，疏密有致的江南村庄群落。青山为屏，绿水环绕，世代的先辈就在这样独特的环境中过着男耕女织的田园生活。

3.1.4 溯洄从之，道阻且长

1. 生态保护背景下地区发展动力的制约

青西作为重要的生态功能保护区和饮用水源保护地，在环境保护生态建设上大量投入，却在产业和经济发展上受到了制约。镇级财政收入下降、村级经济衰退、基础设施相较落后等问题日益突出。

2. 湿地生态系统破坏，环境品质亟待改善

大莲湖湖体萎缩，湿地面积减少；河道淤积，湖区人为分割养殖，导

图 3-5 青西地区的古朴风光

致水域流动性差，水体悬浮物密度高，加重了水质恶化。部分水域生态环境已处于严重的富营养化状态，污染主要来自养殖、种植、生活、工业、外部水流入等。

区域内生物多样性降低，湿地植被群落出现被陆生植被群落演替的明显趋势，湿地逐渐变为干地，生境发生了巨大变化；湿地鱼类的多样性严重减少，稳定性低；底栖动物、浮游生物在种类和数量上均有明显的下降趋势。

3. 工业用地低效利用，江南水乡风貌渐失

工业用地利用低效、管理粗放导致大量土地浪费，造成一方面征地成本极高，另一方面农民无地可征，企业无地可用的状况；与此同时，工业厂房布局缺乏引导，用地总体布局散乱村庄肌理被破坏，江南水乡传统民居风貌渐失。

4. 景观资源未有效利用，缺乏游憩观赏功能

场地优良的景观资源未得到充分保护和开发利用，而受到工矿企业影响的部分地区，自然环境被严重污染。而从整个景观要素来看：局部水体缺乏连通性，影响水上游线的完整性和观赏性；部分林地种植密度较高，林下空间难以利用；缺乏观赏性与吸引力；农田肌理丰富而独特，却缺乏合理的游憩设施；基地配套服务设施均较不足。

5. 历史文化资源保护与传承力度需提高

传统农耕方式改变、外来文化冲击、人口迁移等因素，均对基地的非物质文化遗产造成冲击，文脉保护和传承难度加大。江南船拳等非物质文化遗产随着人口的迁移，日趋没落。

图 3-6 青西地区的水杉林

3.2 寻梦江南，理念思路

3.2.1 依水而生，塑造特色

“水”是青西的灵魂，是青西整个生态体系中最核心、最本底的要素。农田、树林、村舍皆依水而生，依水而兴。水的品质决定了青西郊野公园的品质，水网构筑的地脉肌理是青西的场所精神。

青西郊野公园以地区高程和自然水系流向为依据，以现状水系肌理为基础，通过对淀山湖、北横港、拦路港等主要水系功能的细分，塑造区域内水体特色，形成青西“湖、滩、荡、堤、圩、岛”特色水环境，形成一个“漂在水上的江南”。

发掘青西的内涵，以“上海最具特色的湿地型郊野公园”为目标，规划提出“生态安全、特色突出、产业合理、设施完善、空间有序”五大发展思路。生态安全是基础，即以水为生态安全格局的核心要素进行整治和设计，修复及重建湖泊湿地，强化水系自净能力，改善湿地生物环境，形成具有示范意义的淡水湖泊湿地恢复区。特色突出是原则，既关注以湿地为主的自然特色，又注重塑造地区空间人文特色，以实现“过去、现在及未来”的空间叠合。产业合理、设施完善、空间有序，则是“生产、生活、生态”在不同层面上的展开。

3.2.2 以梦为引，延续三脉

青西郊野公园以水为核心，基于“水脉、绿脉、文脉”的特点，以三脉延伸出“水之源、人之意、绿之境”三条核心理念。

水之源是梦之源，是水脉、源头与水的本体，是梦开始的地方。通过“一湖、两湾、三港、六岛、三十六溪”多样水体布局及水系净化整治，展现水纯净、自然、流畅、活力的本源。

绿之境为梦之境，是水连通的绿脉，梦里的水乡。通过以水为载体的各种绿境生态——田林、生态鱼塘、水森林、湿地生态——的展示，体现绿色的意境，绿脉的延伸。

人之意即梦之意，是江南水乡梦所流露的风物与情态，是水的文化承载，梦无止境的方向。通过水文化的展示，深化突出生态示范、农业示范、文化示范的功能，以水承载本土文化的传承和沉淀。

图 3-7 水是青西的灵魂

水之源

水的净化，水质提升

湖泊河湾滩涂湿地的展示

生活、生产功能的串联

人之意

生态示范，三农示范，游憩示范

水乡人文特征

心灵归属，心灵净化

绿之境

世外桃源，渔樵耕读

江南传统风貌的展现

返璞归真生活的体验

图 3-8 青西郊野公园理念阐释图

图 3-9 水漾湿地生态区

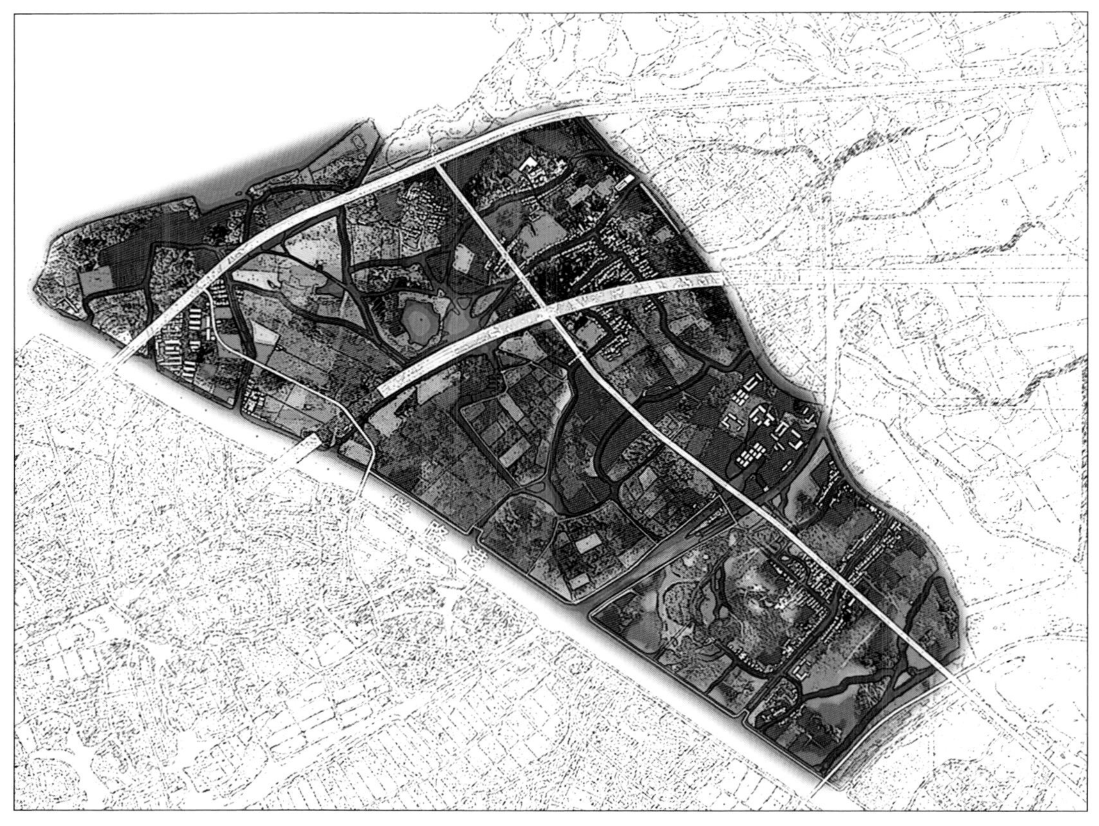

图 3-10 水上森林生态区

3.3 筑梦江南，方案构思

3.3.1 三区划定，功能布局

1. 水漾湿地生态区

水漾湿地生态区以大莲湖为核心，北横港以南、拦路港以西区域，规模为 8.68km^2。现状主要为水面、滩、塘、稻田、林、村落，生态条件好，生物资源丰富。以周边河湾及岛屿为基底，重点关注湿地净化、湿地缓冲等湿地生态保育功能。

现状肌理在空间布局上呈现“清远疏朗，水湾相连”的特征。根据场地条件，重点置入湿地观赏、湿地生态保育体验、湿地科普等功能，在确保大莲湖核心湿地生态保育前提下，结合现状河湾、岛屿、荷塘和保留村落，适度引入休闲度假、高端会议、湿地观赏、生态体验等功能，凸显以湖、湾、岛、塘、村为整体江南风貌特色的水漾湿地生态区。

2. 水上森林生态区

水上森林生态区以拦路港以东树林为基地，规模为 5.80 km^2。拟以现有林地为基础，以自然保育为主要功能，以水系的引入结合现状生态林、生产林、涵养林、风景林等不同林地种类进行布局和设计；以水杉为区域内特色树种，构建多林相多林分的生态林地群落。打造森林观光、森林疗养、水上探险、森林果树采摘等主要功能，凸显鲜氧体验特质。

3. 江南人家体验区

江南人家体验区以北横港、拦路港及沪青平公路中间地块为基地，规模为 7.87 km^2。外部交通联系较好，区内水网密布，有大片的观赏林及养殖水面，宜结合两岸江南村落、河道、农田进行设计。

以北横港、拦路港及淀山湖为基底，对水系进行梳理整治；以美丽乡村为理念，引导村与村之间根据资源特色和产业能力进行协作，将农业生产与河祝村、育田村、三塘村联系，利用西岑社区做好配套服务和游憩保障功能；以“水漾农趣，滋润生活”作为农业旅游核心体验，将青西郊野公园“梦里青西，水漾湿地”的资源特色，转化到以“滋润”为关键词的农趣体验中，迎合都市人释放活力、获得自然滋养的渴望，唤起游客内心对于“青西、水漾、农趣”的向往。

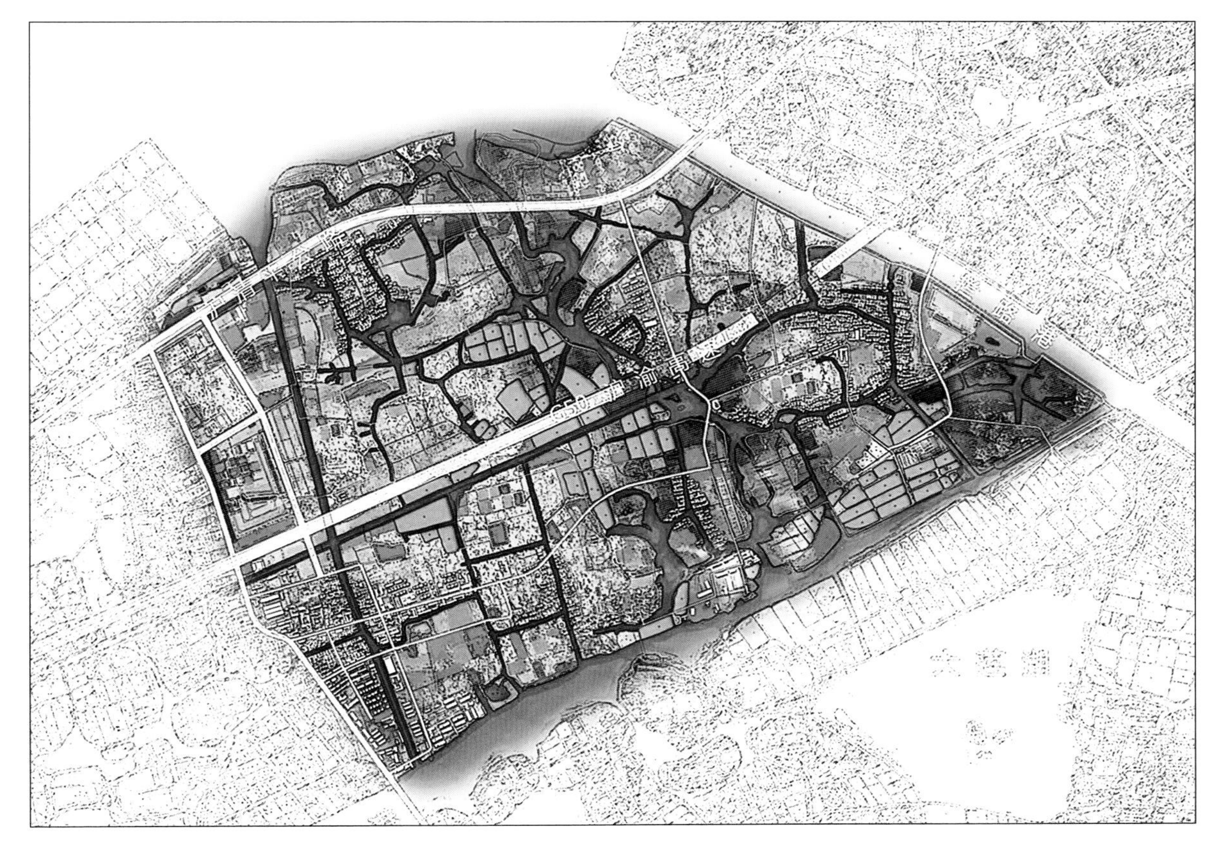

图 3-11 江南人家体验区

3.3.2 特色塑造，景观分区

（1）湖泊景观区以大莲湖为中心，结合湖泊的空旷深远，形成大面积的生态景观体验区和生态斑块。

（2）湖泊湿地植被景观区以湖泊湿地植被景观为主。位于公园中部的湖泊湿地，为核心保护区的主要部分。大小不等的浮岛和湿生植物将形成不同的开合水面空间。不同季节和水位变化让该区域景观富有变化。

（3）田园风光景观区以田园农业产业为主，利用、整合现有的田埂、农田，结合规划的田间小道、马道及自行车道等，将整个景观区串联起来。其中开展果园观光、采摘体验、瓜棚尝鲜等活动，建造瓜果试验田、园艺生态园、奇花异草及特色蔬菜种植示范园等，形成春华秋实的特色瓜果观赏、田园风情景观。

（4）河漫滩地景观区是湿地景观的重要组成部分，狭长的水面两旁生长着各种水生、湿生植物，景区随着季节和水位的变化展现出不同的景观效果。

图 3-12 田园风光景观

图 3-13 河漫滩地景观

（5）风景林地景观区主要指朱家角林地地区。利用植物形态的多样性和生态群落的稳定性，通过对不同树形、树姿和生态习性的植物进行组合配置，形成层次丰富、季相鲜明的四季景观。

（6）防护林地景观区沿北横港、拦路港两侧以防护林形成天然景观屏障，利用常绿林和落叶林的搭配，形成季相鲜明的四季景观，使整个景区的绿化风格简洁统一。

（7）水森林景观区基于不同季节水位的涨落，结合现有的水森林树种种植一些水陆两栖的植物，并在其中设置木栈道、木平台，以及观景、休闲设施，形成特色的景观区。

（8）疏林草坡景观区配置形态较好的群植乔木，空间开阔通透。游人可在草坡上观景、休息、晒太阳，也可在开阔的空间里进行户外活动。

（9）村镇风貌景观区以本土民俗文化为主题，结合现状村落、田园风光，规划设置田园生活体验中心、工业遗址公园等。同时根据各个村落的自身特点，突出、强化其特色元素，形成别具一格的村落风貌景观。让游人于村舍农具之间垂钓、烧烤；于稻谷飘香、鱼鲜鹅肥之季享尽农家风情。

（10）度假景观区结合当地气候条件，设置具有会务会议功能的特色度假村落莲溪庄园。

3.4 入梦江南，生态水乡

3.4.1 莲湖淡烟——生态整体修复，寻找失去江南

1. 生态环境的挑战

梦里的水乡，正随着城市化和工业化进程加快，渐渐从我们的记忆中淡去。青西郊野公园地区的生态环境被城市生活所干扰，面临着严重的问题。

1）生物多样性降低

区域典型的水生植物群落面积越来越小，湿地变为干地，底栖动物、浮游生物在种类和数量上均在急剧下降，大莲湖内很多重要物种灭绝，芡实、莼菜、胭脂鱼等物种也日益消失。

2）土壤中潜藏风险

青西郊野公园监测大部分为酸性土壤，部分区域汞、砷含量异常。现场踏勘取样发现，造成土壤酸化、个别重金属污染严重的主因是区域内零星分布的工业企业，包括精密仪器厂、砖瓦厂（已废弃）、木业有限公司、工艺品厂、五金厂、美术用品企业、喷涂企业等，周边还有特种化学纤维厂（已关闭）、特种橡塑制品厂、工艺品公司、家具制造公司等企业。此外，区域内居民的生活垃圾和农药、化肥也给土壤环境带来一定污染。

3）水质污染问题突出

目前区域内部分农村地区采用分组团的生态小型污水处理设施实现污水处理，以渗透和土壤处理为主，但仍有 40% 左右的农村生活污水、大量未纳管的工业废水直接排入河道。高密度水产养殖，大量人工投放饵料导致河道水系的富营养化程度严重。

4）湿地生态系统破坏严重

以大莲湖湿地为例，面临的主要生态问题表现为以下两方面。

湖体萎缩，湿地面积减少。20 世纪以来，大莲湖地区人口剧增。大量围湖造田的生产活动，使得以大莲湖为中心的湖泊湿地面积急剧萎缩，加之河道淤积，湖区人为分割养鱼，导致水域流动性差，水体悬浮物密度较高，加重了水质恶化。

污染严重，大莲湖水体、底质污染严重。如农业中的农药化肥污染、畜禽和水产养殖污染；农村生活中的污水、垃圾、农业秸秆等未处理随便排放；工业生产中的有害有毒物质排放，如玻璃厂的油和苯，纺织厂的硫化物、硝基物、纤维素等。

2. 规划应对措施

1）建立生态环境标准，明确质量评价体系

生态环境是郊野公园最大的优势，也是公园管理工作的重难点。为准确评价青西基地的环境质量，规划参考相关专家和部门建议，设立共四大类 24 项指标，从青西郊野公园的生态环境建设和运营管理出发，针对环境质量、污染防治、生态建设、生态环境管理等内容明确建设要求，构建青西郊野公园生态环境质量评价体系。

2）完善郊野生态格局，预留河流生态廊道

青西郊野公园生态格局规划首先关注关闭与自然修复、生态序列重建、基底恢复三个方向。规划在不改变原始地形和环境的基础上，结合现状湿地类型和地貌，形成深水、浅水、沼泽、滨水直至旱生的主体生境序列，继而将坡度、光照、土壤、水体等元素相组合，进行小气候生物环境的营造。

关闭与自然修复。湿地生态系统具有自身修复机制，通过规划关闭湿地退化区域，减少对此机制的干扰，使湿地生态系统得以自然恢复。此类措施主要关注大莲湖区周边水体和农田地区。

生态序列重建。重点结合水系改造和恢复工程，参考生物地理学理论，在青西湿地中部建立人工湿地岛屿，为生物提供良好栖息地。

规划在青西郊野公园空间上采取同心圆布局，由里往外依次是水体（大莲湖地区）→湿生植物环（莲盛地区）→喜湿灌木环→喜湿乔木环（如朱家角片林区）。通过营造曲折迂回的水际线，提供更多边缘，用水系、林地、道路等生态廊道将每个景区、每种用地网状联系起来，改善生物和能量流动渠道，增强湿地生态功能。

图 3-14 青西地区水生物环境

基底恢复。规划考虑水系和农田分布的特征，采取合理配置陆地、沟渠、水塘、沼泽、滩涂，形成以湿地为主的多元景观元素嵌套。各要素互相协调，发挥最大生态功能，最终实现地区生态稳定格局。

此外，为鸟类和鱼类等动物迁徙、繁衍、营巢、觅食等活动创造自然条件：利用公园内水森林、大莲湖等环境湿地，以及树林系统等，为鸟类提供捕食、栖息的场所，形成稳定的生态群落，创造特色景观；利用朱家角片林区，适应不同鸟类的需要，形成林地、湿地林、开阔性湿地、草滩、水面、浅滩沼泽、灌丛、岛屿等不同栖息地类型；在大莲湖区、北横港、拦路港形成不同水深，满足鱼类繁殖与度夏、鸟类捕食栖息等活动的要求；适当种植蜜源植物、鸟嗜植物群落，为招鸟、引鸟提供食物果源；水体沿岸种植一些沉水植物，通过各类水体和岛屿田块等，为昆虫、蛙类等低等动物创造适宜的生存、繁衍生境，引导它们进入湖泊湿地，确保地区湿地生态系统的健全和生物链的稳定。

最后，在生态廊道的建设上，规划提炼青西“水”要素的特色，重点关注河流廊道的建设，因为在青西这样一个地区，河流廊道作为一类重要的生态廊道，具有多种生态功能，其中最主要的是保护水资源和环境完整性。因此以北横港和拦路港作为保持湿地生境连续性的重要生态走廊，设置 100 ~ 200 m 的外围防护林带作为过渡缓冲区域，同时结合现有路网规划建立动植物迁徙走廊，将宽度定为 30 ~ 60 m。

3）修复水生生态环境，保护地区湿地生境

青西郊野公园所处的环淀山湖地区是上海西部内湖湿地系统的最重要组成部分。

在水生生态系统的设计上，首先对以大莲湖为中心地区进行景观破碎度、景观连通性和多样性的分析，通过生态技术或生态工程对退化或消失的湿地等生态环境进行修复，扩大湖泊湿地和水源涵养林的面积。

以大莲湖为例，湖边地区依据植物类型与植物结构的布局从生态护坡向中心水面方向根据不同坡降比的差异分别配置森林植被带（主要包括枫杨、水杉、池杉、乌桕等）、灌丛湿地带（主要包括蔷薇、金钟花、三棱草等）、挺水植被带（主要包括芦苇、野茭白等）和沉水植被带（主要包括轮叶黑藻等），各植物带间并不是严格分开的，而是具有一定的交叉，形成各植物带的交叉融合。随后进行动物的引入和恢复，通过配置一些腐食性、草食性、植食性、肉食性鱼类及其他水生动物，吸引一定数量的鸟类，有效构建健康水生态系统，最终形成上海西部具有特点的淡水湖泊湿地恢复示范区。

公园内湿地的水环境规划从两方面展开：一方面是水系统的高效化、无害化；另一方面是湿地水体污染的处理和无害化。青西郊野公园湿地恢复措施总体上以保护、促进恢复为原则，进行有条件的适度利用。规划将传统模式与高新技术相结合进行一系列示范工程，实现湿地无公害产业化开发和资源化处理，恢复和增加生物多样性及湿地景观，改善湿地生态系统结构，实现湿地的防风护堤、洪水控制、野生生物保护、水质改良、污染控制、污水处理、渔业生产和生态旅游等功能。

4）治理地区污染，提倡基础设施建设

为了减少郊野公园内的污水排放对湿地环境的影响，规划对园内的雨污、农业生产污染、村镇生活污染、工业污染、船只污染方面进行控制。其中农业生产污染控制包括农作物种植清洁生产、农药减施、农田氮磷流失生态拦截、农药替代、畜禽水产养殖清洁生产等工程。

地区污染控制重点关注土壤污染修复：即对公园内南部莲湖村周边及北部三塘、河祝村周边水田和旱地等大田农业生产，在现有化肥农药减量措施的基础上，全面推广有机肥、绿肥种植、休耕养地等措施，从结构上降低复种指数，减少农用化学品投入量，提升土壤肥力等级和土壤环境质量。

规划地区土壤环境近期达到《土壤环境质量标准》（GB 15618—1995）二级标准，远期逐步达到一级标准。而针对遍布公园内的各村庄设施农业生产，设计中首先在空间上将分散的村庄设施整治、集中，其次明确设施农业化肥农药施用限量标准，改变现有高复种指数、高化肥用量、高农药频次的生产方式。

在农业修复措施上大力推广水旱轮作、精确滴灌、土壤改良等措施，使地区土壤环境质量优于《温室蔬菜产地环境质量评价标准》（HJ 333—2006）。

在土壤污染修复技术上规划使用隔离 / 封闭技术、稳定 / 固化技术、土壤淋洗技术、植物 - 微生物技术、生物通风技术等原位土壤修复技术。

3.4.2 在水一方——特色水体塑造，体验最纯江南

江南好，

风景旧曾谙，

日出江花红胜火，

春来江水绿如蓝，

能不忆江南？

——白居易

白居易的这首词体现了江南以水为魂的特色。青西郊野公园拥有“湖、滩、荡、堤、圩、岛”等各类水体资源，大莲湖是上海西部最大的内陆型湖泊，湖心有三座自然岛屿，滩涂和芦苇结合的景观遍布基地内的溪流和河道，形成江南水网密布的典型肌理。

规划设计紧紧抓住“水”的特色，在结合自然的基础上，通过润泽、聚湖、成湾、浮岛四个方面来打造青西郊野公园“梦里江南”的意象。

春

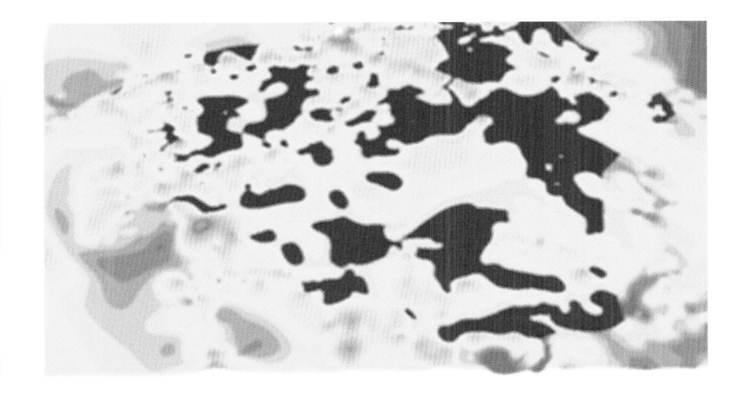

夏

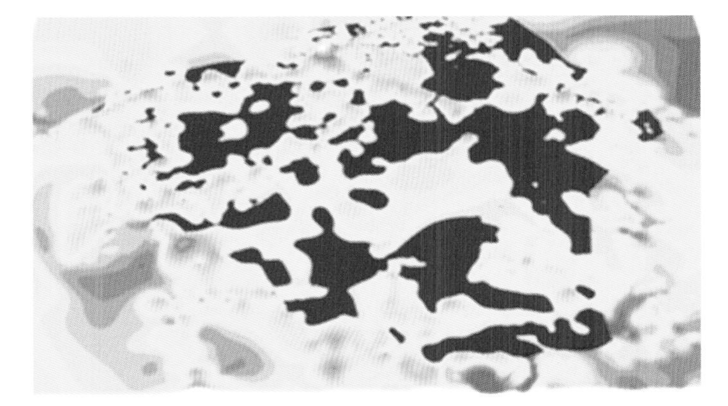

秋

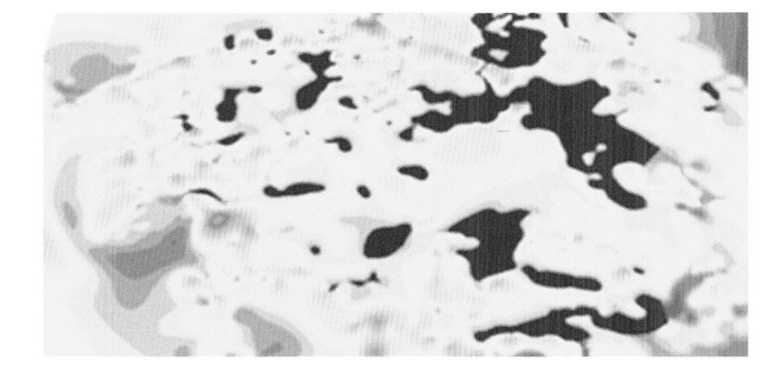

冬

图 3-15 聚湖——春夏秋冬的不同景致

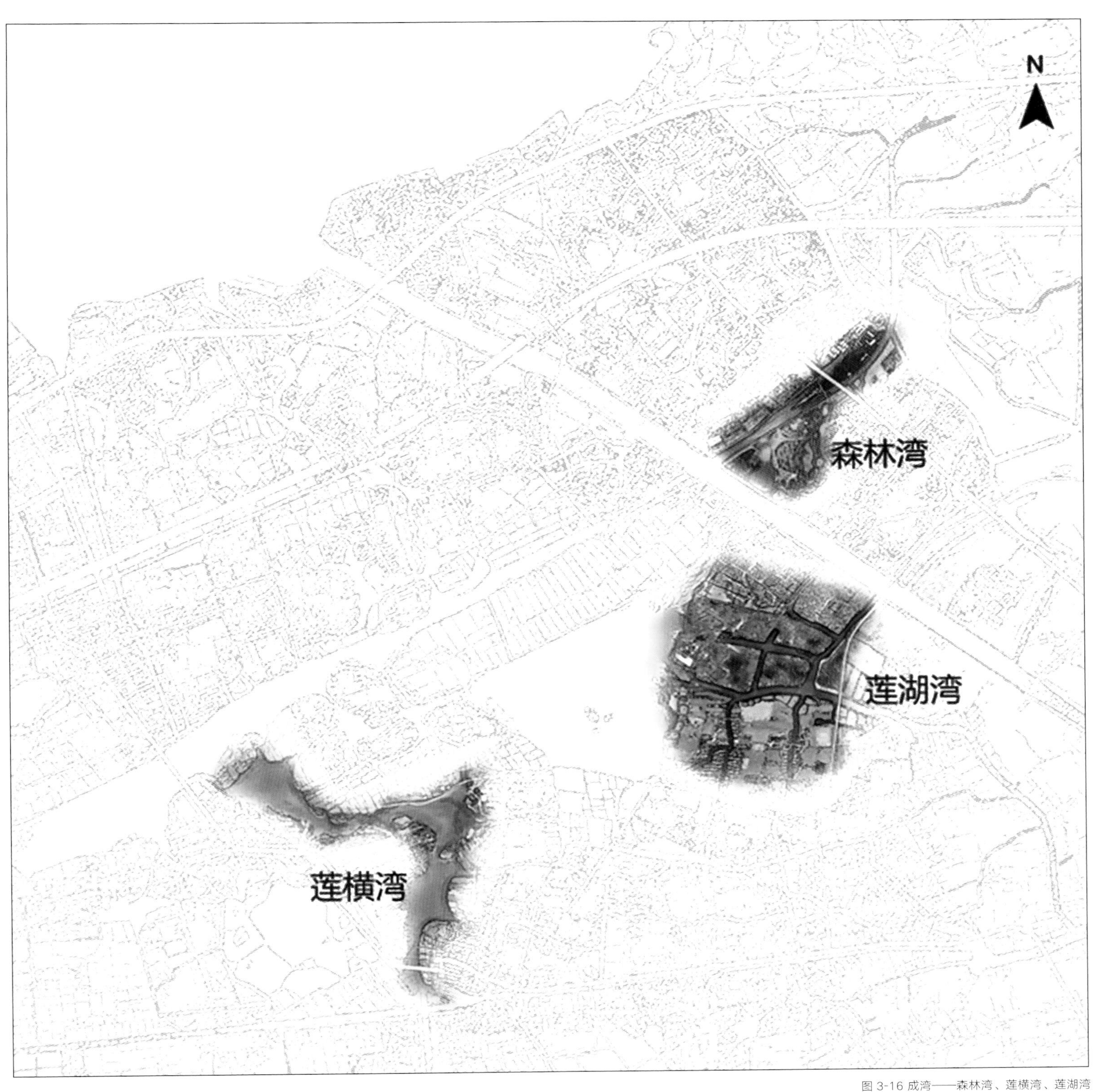

图 3-16 成湾——森林湾、莲横湾、莲湖湾

1. 润泽——清水丰田，融汇贯通

在空间布局上，规划结合水系肌理在北横港、拦路港等主要河道两侧生态廊道建立大型亲水空间；在村庄田林的溪流两侧结合交通功能设置中型亲水空间；滩涂、水田、鱼塘湿地周边则设置小型亲水空间。

在水系整体处理上，推进镇级、村级河道水系的整治。通过扩展边界、连通、导流等方式，打破硬质的大莲湖边界，结合鱼塘、湿地、滩涂将水体在空间上联系扩展；通过水生植物种植和过滤处理，实现整个区域水系自身的循环净化；利用自然河道和人工河道的分流、修复活动，在河道周边建设生态驳岸，营造水生态系统。经过水系的整合和调整规划在郊野公园内最终形成约 8 km^2 水面。

2. 聚湖——一湖居中，湖堤相携

大莲湖现状大小为 1 km^2，但是周边驳岸和界面划分生硬。规划打破生硬的边界，通过水位控制在大莲湖及周边水系设置补水、溢水、泄水等管道系统，结合地区内众多现状水泵房、涵闸使地区内各池塘湿地间有常年不竭的水道及能够应付不同水位、水量的塘床系统，在大莲湖及周边水系形成地区生态和自然景观核心。

3. 成湾——生态田园，湖湾相连

在大莲湖周边通过森林湾、莲湖湾、莲横湾等开阔水面的节点效应扩大水系空间，形成以自然水体形态、田园风光和湿地森林为特色的湾区景观。

4. 浮岛——多样水体，水上江南

在保护现状水系肌理的基础上，规划在大莲湖周边结合水系的特点通过陆上活动的联系，形成湖、滩、塘、湾、荡、溪、岛水体空间。

3.4.3 枕水田园——田林结构优化，找寻陌上江南

江南田园的最大特色是围绕着水体展现的水漾农趣、田园生活。本次规划除对水体加以关注，还将农田布局和林地配置作为水体的补充。

首先结合现状田地布局，通过促进农田集中连片和农田水利设施配套，形成高标准农田和基本农田结合，田地与水网结合的农田肌理。

从稻田与水系平面肌理关系来看，规划希望不同地区的稻田肌理呈现明显的特征，主要可以归为三大类：①稻田肌理与水系垂直呈平行状分布；②稻田肌理呈块状拼贴分布；③稻田肌理沿河呈放射状分布。

通过对田块系统的规划，将稻田间以田埂路为分界线，形成放射状、块状的稻田肌理。

青西郊野公园内的林地资源包括不同类型、不同季相的各类林地约 400 hm^2，整个地区林田交融、树林密布。

规划保留林地的连通性、保持较高的聚集度，呈现出不同的肌理特征。

例如，庆丰村内苗木林，呈现马赛克拼贴型的分布特征。河祝村内的苗木林，呈现由内向外圈层分布的特征。庆丰村是由主要湖面扩散出几条小河溪流，串联着几个不同组团聚落的村落形态，因而在水系周边分布有带状的林地。

3.4.4 伴舟慢行——体验游憩活动，感受文化江南

青西郊野公园在休闲游憩功能设计上不同于一般的湿地公园、城市公园或旅游景区。

整体设计突出水域天成的特色，围绕水主题打造系列产品，强化旅游功能。

1. 村落风貌保护

根据村落与水系的关系，青西郊野公园内村落现状可分为全岛型村落、半岛型村落、散点型村落、绕水组团型村落和沿水伸展型村落。规划对这五类村庄风貌加以控制。

全岛型或半岛型村落的大部分区域由水包围，形成三面或四面环水的格局，岛内形成较为完整的交通体系，通常是主要交通线路在核心，形成支路向四周辐射的模式，滨水地区并无沿水岸的车行道，而是以步行为主。此类村庄水岸线较长，可利用这一特点，在沿岸形成较为完整的景观界面。建议维持江南水乡的基本建筑风貌，鼓励居民在自留地上进行栽植和造景，创造绿色、优美的岛内环境。另一方面，注重邻水小空间的塑造，形成宜人的、可供人停留的滨水空间。

散点型村落的水系从湖延伸出来，呈放射状，沿水系支流或者在水系的汇聚处形成小型的村落集聚。小型村庄聚落的结构往往呈鱼骨状，居民点沿水岸分布。各村落之间可通过水路联系，同时也有路上的交通网络，可将村落联系起来。由于散点型村落依水系的流向和水系的汇聚点分布，通常沿水或在水系端头形成村落，可根据各个村落的特点形成不同类型的风貌特色。

图 3-17 岛链景观设计意向

绕水组团型村落的特点是，村落沿多条水系发展，形成若干个组团，呈现出若干个组团环绕小河发展的状态。组团之间可通过水路相联系，同时也有便捷的路上交通系统，将各个组团联系起来。该类型村落中有数条水系，将村落分割成若干组团，可形成一水两岸的村落景观风貌，在水流的汇聚处形成公共开放空间。

沿水伸展型村落的特点在于村落沿单一水系发展，在水岸两侧形成两个组团，呈现出沿水生长的状态，可分段进行特色定位，塑造开放空间。

2. 游憩体验设计

青西郊野公园的形象设计从基地的现状资源特色——水和湿地出发，突出自然之美、人文之美、梦想照进现实之美。水的生态、水的生活、水的文化三个方面，代表了自然、城市、人文三个不同层次，突出了本区域的特色。青西不但是水波潋滟、杂花生树的野趣湿地，也是画船雨眠、江南风物的梦里故乡。

为了最大化提升青西郊野公园游憩功能，在充分研究当地环境和旅游资源的基础上，规划将区域游憩环境系统分为森林游憩、湿地游憩、田园游憩三个子系统，综合安排疗养度假、康体休闲、商务会议等旅游产业，农业观光、农耕体验、果蔬采摘等旅游活动，以及巴士、游船、漫步、自行车等观光形式。

1. 主服务区
2. 水上服务区
3. 荷塘小村
4. 观荷小亭
5. 酒店及总部办公
6. 莲溪庄园
7. 湿地实验室
8. 湿地观鸟湾
9. 羽状渔岛
10. 水森林
11. 森林公园
12. 森林迷宫
13. 报国寺
14. 临湖宾馆
15. 临湖服务区
16. 观湖步道
17. 土特产市场

图 3-18 青西郊野公园规划总平面图

13
15
12
拦路港
11
10
9
2
大莲湖
3
14
8
4
6
7
1
南横港
N

CHAPTER FOUR

云间·渡
——松南郊野公园

Songnan Country Park

CHAPTER SUMMARY

章节概要

松江南，
浦江畔，
十里云林映彩练，
千年渡口意韵长。

黄浦江，是历史上最早人工修凿疏浚的河流之一，原为太湖的泄洪通道。由于黄浦江成形于松江境内，松江区有着浦江之首的美誉，也由此被视为上海的发源地，称为上海之源、上海之根、上海之巅（因佘山而得名）。可以说松江区与黄浦江在光影流年中共同承载了上海成陆、发展的厚重历史。

黄浦江在松江境内绵延 5 km，陆域腹地约 170 km² 为水源保护区。这样的一条大江，润泽了两岸纵深数百米的涵养林带，滋养了江畔的稻田、村庄。也正是这样一条大江承载着一脉绿意，流淌过 7 000 年的历程，卷挟着历史的记忆，奔流入城市的内心，成就了一条贯通上海的母亲河，也成就了诗意地栖息在浦江入城拐角处的松南郊野公园。

4.1 浦江上游，千年渡口，十里云林

4.1.1 入城之湾，区位独特

松南郊野公园位于汤汤浦江奔流入城之湾，上海市近郊绿带拐角之处，是上海市基本生态网络金松生态廊道的重要生态空间节点，公园所处之地是上海市黄浦江上游重要的水源涵养地。

公园紧邻松江南站大型居住社区、松江高铁片区，西侧紧靠闵行经济开发区。公园以黄浦江为南界，西接大涨泾，北倚申嘉湖高速公路，东靠女儿泾，总用地面积约 23.71 km²。公园水系交织，地势平坦，林带交错。由于地处黄浦江水源保护区内，无工业污染，公园内的得胜港取水口负担着本市 70% 的原水供应。松南郊野公园独具水净、土净、气净的江南水乡特有风光，是上海境内十分难得的自然生态境地。

4.1.2 拥江携城，交通便捷

松南郊野公园区位优越，距离人民广场 30 km。公园依托申嘉湖高速公路、沈海高速公路、松卫公路、车亭公路和北松公路等高等级公路实现对外交通联系。公园周边轨道交通线路也较丰富。轨道交通 22 号线，车墩站紧邻公园，至上海南站约 30 分钟；轨道交通 9 号线松江南站站距离公园约 1 km；轨道交通 5 号线闵行开发区站距离公园约 2 km。

便利的对外交通，为市民自驾或者乘坐公共交通到达公园提供了方便。

4.1.3 云间古韵，历史渊源

1. 区域层面

松江区是上海历史文化的发祥地，古称华亭，别称云间、茸城、谷水等，松江最早的一本史志即为编成于南宋年间的《云间志》。据考古发现，约 6 000 年前，先民们就在这里劳动生息，创造了崧泽型和良渚型等古文化。

松江区内的广富林遗址公园展示了松江约 5 000 年前的良渚时期—4 000 年前广富林文化—春秋战国至汉代—宋元时期的古文化脉络。松江区内的仓城历史文化保护区、西林禅寺、方塔园、醉白池、唐经幢等景点共同构成了松江区历史人文景观一体化网络。

松南郊野公园所在的车墩镇是历史悠久的文化重镇，从三国时期就有文字记载。镇上的上海影视乐园有旧上海的市井风情，是中国十大影视基地之一。车墩镇特产丰富，丝网版画、舞龙灯、串五方、小青班等非物质文化具有浓厚地方特色。人们熟知的丁娘子是与黄道婆齐名的明代织妇，当时就居住在车墩的东门村。其弹棉工艺极为精巧，用以织布，极为细软，因称“丁娘子布”。而生长于松南郊野公园基地内打铁桥村的农民陈永康是新中国第一代农民科学家，在水稻种植上做出了卓越贡献。

2. 公园层面

1）米市渡口

大涨泾入浦口东岸的“米市渡”，是松南郊野公园内最具有历史意义的空间遗存。它是通达松江府与浦江南岸叶榭镇而设置的“渡口”，也是古代通往储备粮食之地仓城的必经之地，更是千百年来江边渔民用鱼虾交换浦江货船所运大米的“米市”之地，故得名“米市渡口”。

米市渡口于 1878 年开通。到了 20 世纪 60 年代，米市渡有了客运码头，每天从上海发出平湖班、湖州班、海盐班、杭州班。米市渡码头启用不久，松江至金山南北走向的松金公路经米市渡竣工贯通，通过载车渡船进一步连通了车墩和叶榭两镇，连接塘口和米市渡口的塘米线成为周边居民最熟悉的线路。米市渡码头最繁荣的时期是在附近大桥尚未建成时，当时的渡口是人车必经之路。半小时一班的轮渡往返于两岸之间，行船时间只需 5 分钟左右，且票价低廉。随着黄浦江大桥和隧道的建成，轮渡每天的客运量仅为 700 人次左右。2012 年 6 月，米市渡轮渡由于斜坡式码头存在安全隐患等原因正式停运。

2）丝网版画

车墩镇蜚声国内的丝网版画是松南郊野公园内重要的非物质文化，丝网版画利用现代丝网感光的特点，灵巧应用各种肌理效果，给原本充满乡土味的民间绘画注入了现代审美的元素，其独特的制作流程，对比鲜明的用色标准，体现农村生活场景的图案，吸引着都市里的人们来观赏、体验。

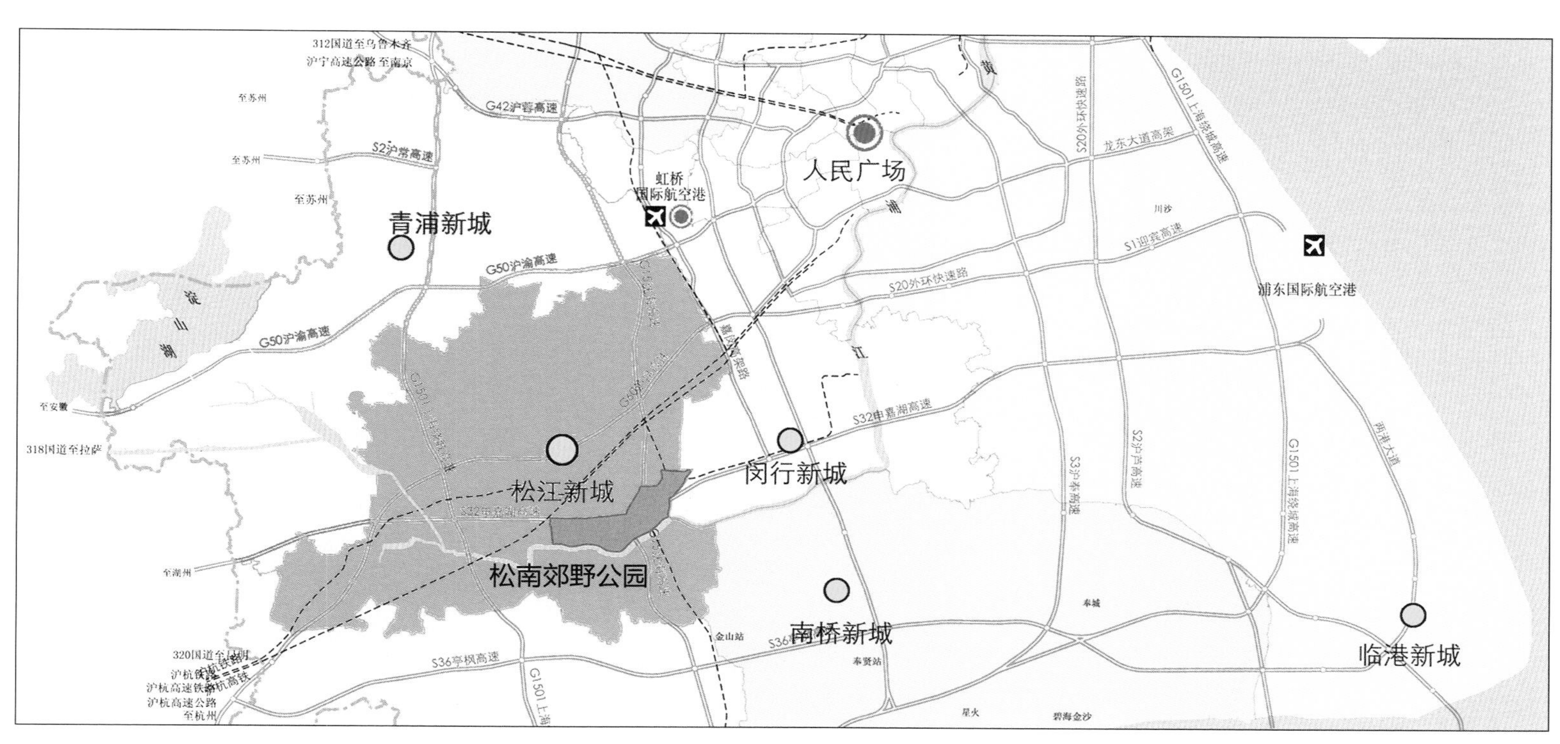

图 4-1 松南郊野公园区域位置图

图 4-2 黄浦江松江段

4.1.4 天长水阔，景观生动

松南郊野公园拥浦江携新城，滨江岸线十公里，多树种、多层次、多色彩的水源涵养林及大量的香樟林、水杉林、葡萄园、桃园等苗圃资源共同构成松南郊野公园的特色林地景观；广阔的块状稻田与沿河布局的线型村落构成特色农地景观；加上由黄浦江、女儿泾、大涨泾、盐铁塘、洞泾港等骨干河道组成的水系网络，描绘出一幅“依江舒展，层林尽染；农田广袤，水网纵横”的生态画卷。

1. 滨江林带

松南郊野公园是五个试点郊野公园中唯一一个位于黄浦江上游的公园，近 300 m 宽的江面、绵延十公里的滨江水源涵养林及占总用地近 26% 的集中成片的林地是松南郊野公园最亮丽的生态名片。公园内黄浦江沿岸林地纵深，主要为香樟和水杉等树种。特色林带以汇桥村的阔叶树林、联庄村的香樟树林和米市渡村的泡桐、针叶树林为代表。“南江北林”的独特视觉享受，以及滨江林地内湿地、水森林等富有郊野趣味的景观，已经使滨江一线成为众多徒步爱好者喜欢的游径。此外，汇桥村还有两株树龄 150 年的二级保护树木古银杏树，为公园增添一抹历史幽香。

2. 江河水系

尽管松南郊野公园水域面积占总用地的比重仅为 5%，但是纵横交织、富于变化的河网体系为松南郊野公园增添了一份柔性与灵动。河岸杨柳婆娑、杉树笔直，河畔村庄整齐，竹林相绕，水中鸭鹅成群，戏水玩耍，一派和谐宁静、亲切自然的乡野氛围。而美丽的、有着历史渊源的河名，如“盐铁塘”、“大涨泾”、“女儿泾”、“虬泾”等，也给松南郊野公园增添了几许悠悠的文化意蕴与历史遐想。

3. 松江薄谷

松南郊野公园耕地占比达到 41%，广袤的水稻田，连片无垠。高标准农田范围内，沟渠整齐、农田方正，村庄宛如珍珠镶嵌在碧绿的农地中，黑瓦白墙与广袤稻田相呼应，朴实整洁，美丽端庄。此外，公园内还分布各类具有一定规模、效益较好的果园，如枇杷园、葡萄园、梨园、桔园等，秋高气爽，桂果飘香，为人们开展欢乐的采摘体验活动提供了好场所。

4. 美丽村庄

公园内村庄布局较为自然、分散，主要依河、沿林田布局，形成栖水而居、掩林而住的独特景致。如米市渡村、打铁桥村和得胜村人文历史悠久，现状生态要素丰富、自然景观极具特色。

5. 道路阡陌

公园内道路主要呈鱼骨状，纵横交错。路面主要以水泥硬化路面及土路为主，路幅较窄，部分路段会车困难。部分田间路周边林地较为繁茂，形成了良好的林荫大道景观。

图 4-3 集中成片的沿江涵养林

图 4-4 林河相依

图 4-5 美丽村庄

图 4-6 松南林荫道景观

4.2 空间之渡，时间之渡，心灵之渡

理念是一个方案的灵魂所在。每一次理念的升华与提升都意味着对基地更深层次的理解。回顾对松南的初始印象，浦江、林带、村庄和乡道，在细致地挖掘后，仿佛都有了独特的故事。

4.2.1 云间渡，理念之家

环顾松南郊野公园，这处自然生态之地能为上海市民奉献什么？我们从母亲河的源头开始寻找。松江位于上海 7 000 年前成陆的冈身文化带上，是上海历史文化的发祥地。不仅有着 5 000 年前的崧泽文化遗址、4 000 年前的良渚文化、2 700 年前的广富林文化，更有历代文人豪杰闪烁于历史长河，云间画派、云间书派、云间诗派等在江南地区有重要的影响，而松江的水稻种植、纺纱织布技艺等进一步彰显其浓郁的地方特色。浦江之畔，江天云林，思古追贤，意蕴悠长，“云间”既是松南郊野公园一种地域的指向，也是一种意境的概括。

松南郊野公园同时承载着人文历史空间和绿色生态空间，好似一处摆渡都市人的福地。这是一种从都市到郊野的过渡，呼应着生活在现代文明之中的都市人重归自然的期许。如同“米市渡口”，松南郊野公园这种“渡”之效应，既有着空间上的物理移动，也体现了一种禅意——从过去到现在、从现在到未来的过渡。渡口之畔既有一种让人胸怀激荡的人文场景，也有一种让人平静下来的自然气息。人与人在此交流，心与心在此联络，“心灵的渡口”体现着人与人之间的关爱和更深层次的社会大爱。

因此，“云间 · 渡”，最好地概括了松南郊野公园所要传达的理念和意境。“云间”为松江别称，表征地域指向；“米市渡”为空间注脚，公园旨在以“渡口”为核心，连接都市与郊野，传承历史与现在，沟通心灵与心灵。

云间 · 渡公园

都市与郊野	一层层空间绿意的延展
历史与现在	一脉脉人文意蕴的传承
心灵与心灵	一处处人性空间的和谐

图 4-7 松南郊野公园理念演绎图

“从都市到郊野”体现的是都市与郊野地区之间的绿意延展，主要表现为以松南郊野公园为节点，以浦江为纽带，向西与松江景点“浦江之首”连成壮阔的浦江绿带，向北与松江城市绿脉构成覆盖全区的生态绿网，向南与隔岸相望的叶榭等镇形成遥相呼应的两岸生态美景。“从历史到未来”注重传承人文意蕴，以米市渡口为中心，还原浦江之畔江南小镇的风貌，同时将地区非物质文化遗产丝网版画等与游憩活动、文化展示、观赏体验相结合，使其焕发新时代的生命力。“从心灵到心灵”，意在借由松南郊野公园这一处绿野空间，让都市里的人们放飞思想，沟通内心，体会家和之乐，感悟人生真谛，恢复心灵的平静。

4.2.2 滨江林，意向之聚

城市因水而灵动，黄浦江是上海的母亲河，千百年来在静静流淌中慢慢发展，形成一条具有浓郁海派特色的文化长河，有着非常丰富与深刻的内涵。人们都领略过外滩“万国建筑博览群”与陆家嘴现代商务区交相辉映的风采，体验过黄浦江中心段所呈现的这座城市的灵气、精华和风韵，却不知在上游有着黄浦江最初的波澜——黄浦江不仅有小家碧玉的精致，更有凭江临风的壮美。

松南郊野公园旨在向人们呈现别样的浦江风情，正是因为黄浦江的滋养，这片土地孕育了“一江、八泾、四水、双岛”的水体形态，形成了“依河而居、临水而聚”的独特村落肌理，多层次、立体化的水源涵养林进一步提升了生态环境的观赏性和趣味性。毫不夸张地说，黄浦江是松南郊野公园的灵魂所在。除此之外，厚重的文化积淀给松南郊野公园注入了独特的地域属性。尤其是米市渡，浓缩了上海从农耕文明发展到工业文明，继而迈向现代文明的历史，成为本地区最佳的历史注脚。

在综合了生态和人文两大要素之后，松南郊野公园的功能定位应运而生——“黄浦江上游，以大型滨江生态涵养林为生态肌理，以千年渡口为文化积淀，以水、林、田、村相融相依为风貌特征的滨江生态森林型郊野公园”。

图 4-8 松南水源涵养林

4.3 塑江畔景，演渡口情，串游园径

4.3.1 空间景象，层层演进

松南郊野公园呈现了独特的东西向“带状”空间格局。规划自北向南形成三条带状景观意象空间——城镇过渡带、林田观赏带、滨江休闲带。城镇过渡带主要体现城镇空间向郊野空间的逐步过渡，适当在门户位置设置一些服务游客的功能设施，依托北边界申嘉湖高速，游览者可以乘车以每小时 80 km 的速度从高架上欣赏公园的大地景观，密林、河流、农庄、古塔，相映成趣。林田观赏带，集中体现公园最精华的郊野地区景观特色，以林成行、田见方、水成网的空间格局吸引游憩活动，同时以江北路“生态眼”为核心，为以每小时 30 km 车速行进的游览者提供生态郊野景观。滨江休闲带临近江畔，适宜于形成以步行和骑车为主要观景方式的慢行滨江观赏景观带。

“城镇过渡带”指城镇空间开始向生态空间过渡的临界地带。基地北临松江新城，区位条件较好，是新城与乡村之间的过渡地带，是郊野公园的门户区域，同时也是郊野公园进行商业开发建设的重点区域。规划结合主要的出入口点状布置若干设施用地，以生态办公、度假酒店、游客接待中心、餐饮等功能为主，整体上体现由现代生活转向郊野风貌的过渡功能。

“林田观赏带”指以东西向穿越基地的江北路为载体，依托“生态眼”的线形设计，整合田块、林地、点状设施，形成特色景观道路，塑造灵动的带状空间。在林田景观带上结合高标准基本农田区、大型采摘园片区，突出林田关系、村水肌理，适度开展较为丰富的休闲娱乐项目，建成后将成为游客较为集中的片区。

“滨江休闲带”依托黄浦江、滨江涵养林及优质农田，形成静谧的滨江观赏空间，是景观风貌最有特色、最值得深度游览的片区。规划致力于打造幽静、古朴的游览环境，尽量减少建设活动对生态环境的干预。

4.3.2 功能引导，特征鲜明

依托基地重要的道路、水系和自然条件，以及可实施性等其他因素，规划自西向东形成米市渡滨江休闲区、长溇林田观赏区、森林保育观光区三大特色功能片区。

米市渡滨江休闲区现状生态要素丰富、自然景观极具野趣，且有米市渡村、打铁桥村两个特色村庄，大片水源涵养林与连片水稻田构成该区的生态基底，其间村庄相间，水系相连，生态景观朴实优美，形成曼妙的基础景观图底。大涨泾、洞泾两大水系于该区东西两侧自然形成大涨泾生态岛和龙蟠湾，空间格局趣味盎然。

长溇林田观赏区最大的生态特征与景观优势为面积近 1.4 km^2 的上海市农委所认定的高标准农田。整齐连片的农田以水稻田为主，风吹稻浪，夏青秋黄，间以纵横的沟渠，笔直的田间路，高大的路边树，修葺整治过的村庄，美丽的新农村改造示范村——长溇村映入眼帘。规划保留该区北林南田、河道规整、田村相依的空间特征。依托道路设计中的“生态眼”整合既有空间资源，引入农林生态科普、滨江游憩、乡村美术体验等功能，形成重要的农林综合区。其中，乡村美术体验主要将丝网版画这一非物质文化与保留的民宅相结合，经过建筑改造形成可供开展体验、观赏等活动的艺术空间。

森林保育观光区为沈海高速以东区域，现状生态肌理以纵横水网、格田密林为特征。女儿泾、虬泾、盐铁塘由南向北蜿蜒入城，水面宽阔，河岸形态及植被丰富，适宜开展皮划艇、赛龙舟、水上游览等活动。该区林地占比较高，尤其滨江地区有较大面积连片森林，果园分布较均匀，种类较多。规划重点结合北部车墩影视基地，设计以特色植被景观为亮点的影视拍摄外景地，以水系、林地为载体，开展水上运动体验、密林宿营、果园采摘等活动，形成森林综合保育休闲区。

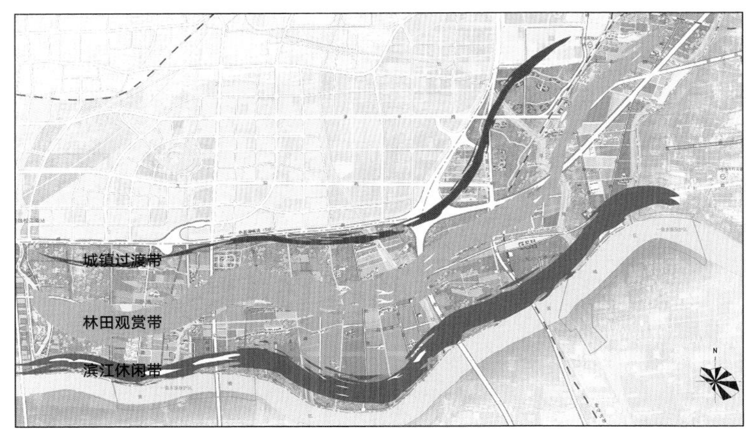

图 4-9 松南郊野公园空间意象图

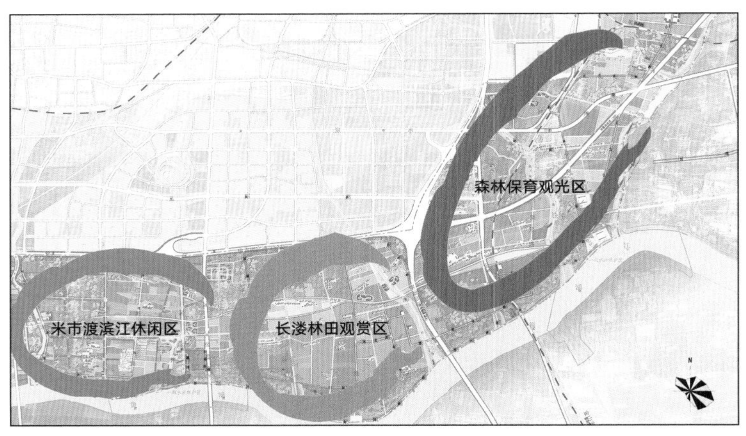

图 4-10 松南郊野公园功能分区图

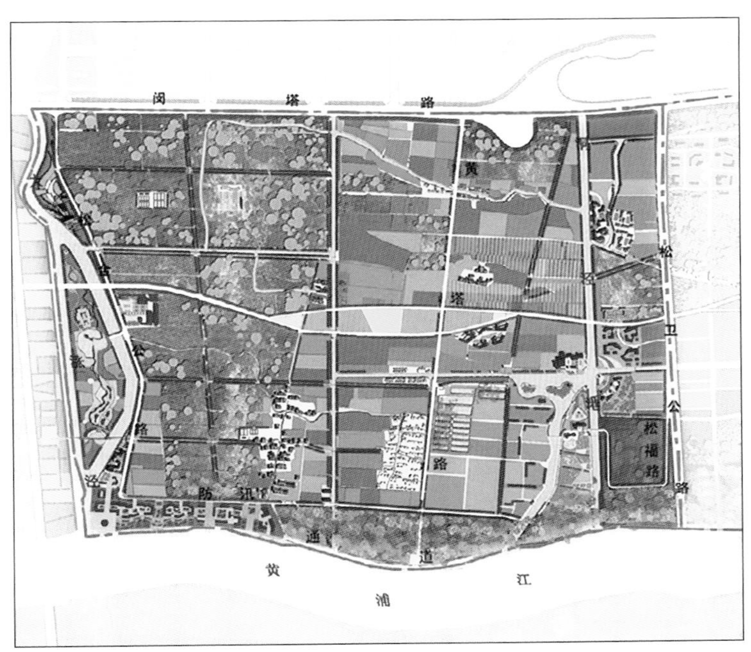

图 4-11 米市渡滨江休闲区

图 4-12 长溇林田观赏区

图 4-13 森林保育观光区

4.3.3 人文为本，生态相融

现状良好的生态基底、厚重的人文积淀是松南郊野公园非常珍视的要素基础。

1. 尊重自然规律，挖掘肌理、提亮要素

规划以尊重自然、顺应自然、保护自然为原则，保持农田林网、河湖水系、自然村落肌理，多自然、少人工，体现自然野趣、原生态的郊野特色。在三轮“普查、精查、补查”过程中，通过全面梳理“水、田、林、路、村”等自然要素，对松南郊野公园区域内的生态要素肌理进行挖掘，总结出本区域富有趣味的生态要素格局，并针对特色要素进行详细设计。

水系重点突出“一江、四河、八泾、双岛”的独特水系肌理；农田重点突出“水泽田、田见方”的农耕特点；林木重点突出浦江之畔“水润林、林成行”的生长特征；村庄重点突出“村庄，在水边，在林旁，在田中央”的空间格局；道路重点突出郊野地区“路纵横、道自然”的特色。

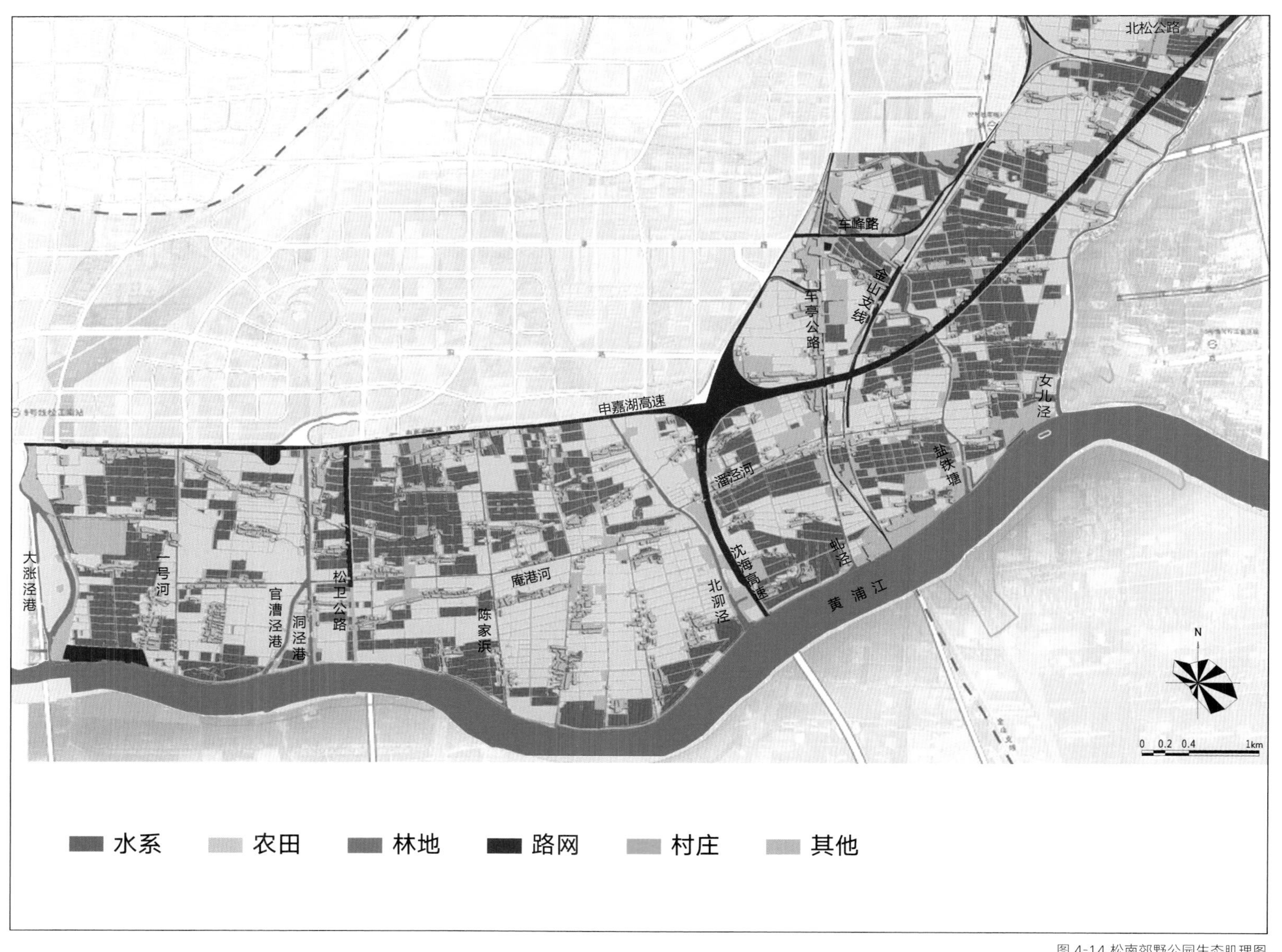

图 4-14 松南郊野公园生态肌理图

在诸多要素中，“水”是松南郊野公园的灵魂所在，不仅仅是黄浦江，其他泾、河、湾，包括由河湾结合地形形成的独特湾岛格局，都成为松南郊野公园的核心要素。所谓“一脉浦江承绿意，八泾清流入茸城。四水微涟束玉带，双岛咫尺一手牵”，即是松南郊野公园水系的真实写照。

由水衍生万物，润林、泽田、围村、成路。林带依江而建，因水生长，水源涵养林、苗圃林地等占了基地用地近三分之一。水稻田是松南最具特色的种植物，规整方田，水泽丰宴。村庄依河而居、临河而聚，是松南地区民居的特色空间肌理，水系的串联贯通方便村庄之间的联系，也为村庄生活植入活泼的趣味。基地现状道路均沿河而设，路两旁植被茂盛，河中鸭鹅嬉戏，河水潺潺，生动的乡村景观跃入眼帘。因此，无论是肌理的呈现还是核心景观的凸显，水要素是众多要素中最重要的。由水滋养了万物，构成了松南独特的“林成行、田见方、村临水、路沿浜”的空间肌理。

要素设计突出自然野趣，整合松江特有的河湖水系、农田林网、村落肌理，以最小的人工干预创造最大的生态景观效益。

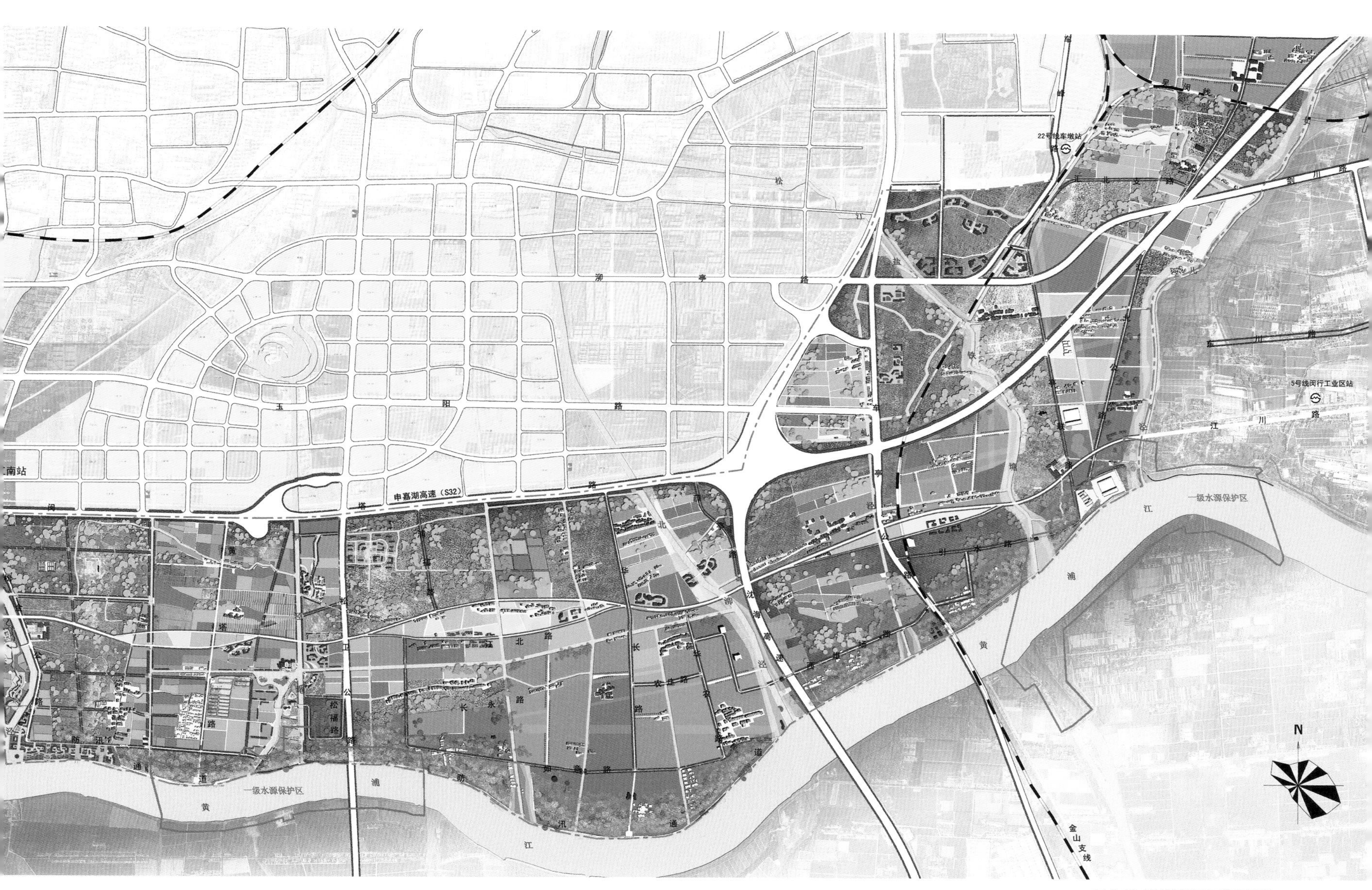

图 4-15 松南郊野公园总平面图

1）水系

基于水网密布的肌理特征，规划通过“水岸塑造”提升公园河道景观。硬质河岸见于一些有通航要求的河道水系，如北柳泾等。规划在加固河岸满足防洪需求的基础上，通过滨水道路与硬质坡地，结合功能设施，形成滨水公共活动空间。软质河岸见于一些没有通航要求的河道水系，如庵港河、潘泾河等。规划形成林带、灌木、地被与水生植物共生的河岸，强化水岸亲水性。混合河岸两侧兼有硬质、软质河岸特征，既有建设功能，也有生态功能，规划应强调两侧的视觉呼应。

2）农田

农田的设计策略重点在于从“水泽田、田见方”的肌理特征入手，保留整片高标准农田，实现农林结合，优化种植结构，同时倡导模式化“生态稻田”种植，形成具有地景效果的圩田景观。

松南郊野公园现状有较大面积基本农田，采用传统农耕模式，以灌溉水田、菜地和混合用地居多，农田种植分散，未形成良性的生产系统。规划通过种植生态稻田、推广农业综合改造现状农田的品质和风貌，形成以生产性农田为主体、农林混合田为特色、景观农田为补充的现代农田体系。

“生态稻田”是由主林带、号田、园田、条田、格田组成的，符合稻谷生长模式的稻田。在条件较好的片区种植生态稻田单元，面积约为400 m × 400 m。规划通过生态稻田的形式保护集中连片的农田和自然植被，并在尊重现状农田肌理的基础上，形成圩田景观。

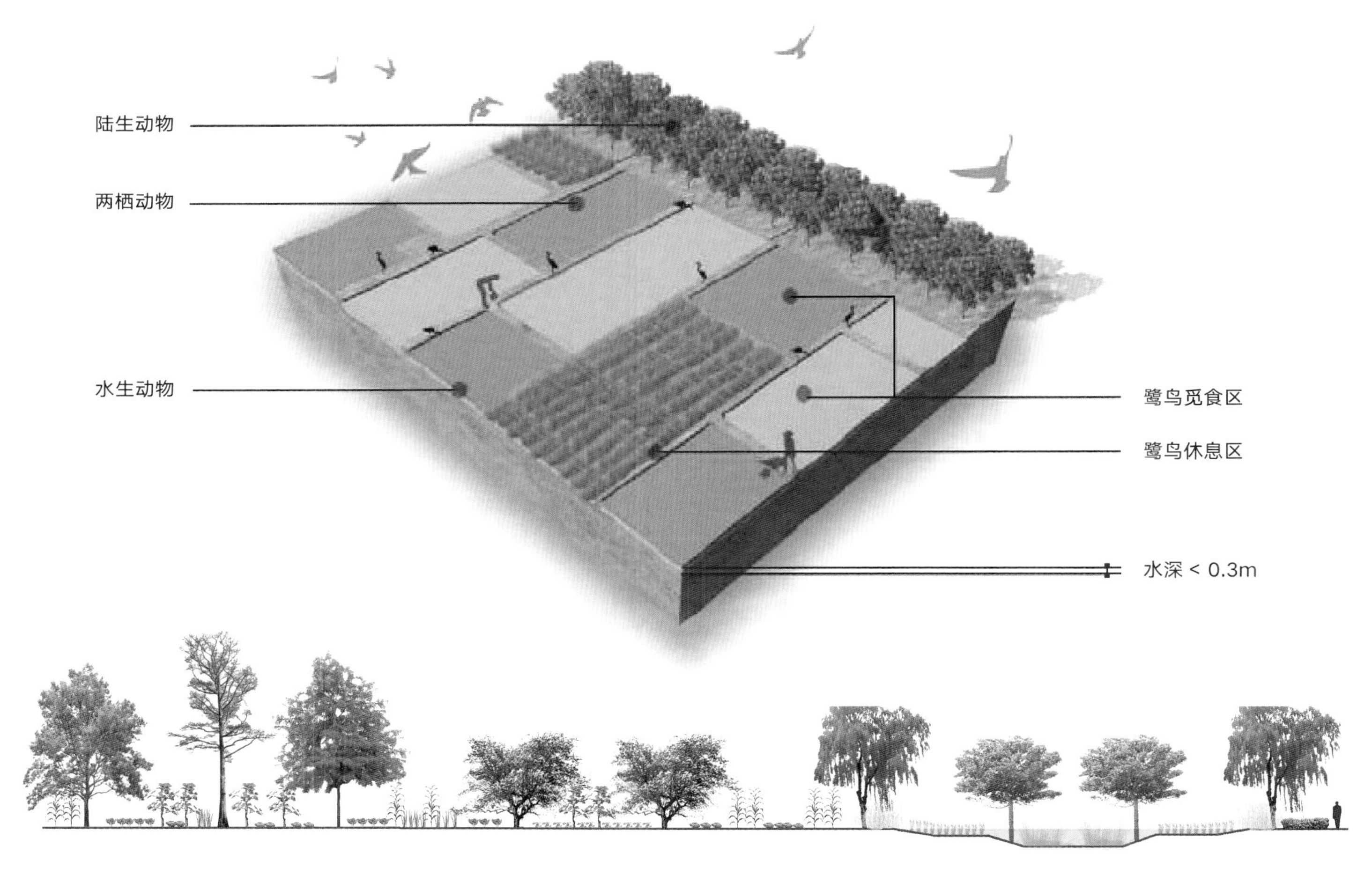

图 4-16 农林综合示意

图 4-17 混合河岸设计意向

3）林网

林网的设计策略重点在于连接现状碎片化林地，形成连贯性的森林生态基底，同时促进森林物种的多样性，打造健康的生态体系。

实现连贯性主要通过培植一系列类型丰富的森林，连接现有的林地和农田，最大限度地改善生态环境。同时将碎片化的森林集中成片，形成连贯、连续的生态景观廊道。

促进多样性主要通过培育滨江涵养林、风景观光林、综合展示林、休闲体验林、道路防护林等一系列多样化的森林类型来实现。现状基地林种较为单一，以经济林为主，部分林地栽植过密，导致植株生长不良。通过多样性的林带种植改善现有林带生长情况和景观效果，从而更大限度地吸收碳排放、支持有机农业，并提供更多的娱乐机会。

其中，滨江涵养林主要考虑生物多样性，结合水源涵养、景观与游憩需求，通过选择水源涵养效益好的乡土物种，增加涵养林的厚度和面积，优化生态与景观功能。风景观光林以观赏性为主导，引入适合当地生长的红枫、枫香、乌桕、银杏等观赏价值较高的树种，通过种植结构、色彩季相的搭配，提升林地的景观价值。综合展示林采用农林混合的布局，形成富有乡村趣味的原生态林、田种植格局，增加植物系统的复合度，并提供农耕文化展示、森林果树采摘等综合性体验。通过对林分密度过高的林地进行抽稀、间伐等抚育措施，将散步游径、观鸟屋、露天剧场、野营场地等游憩设施穿插到林地中，形成休闲体验林，满足人们休闲游憩的需求。综合考虑林带对道路交通的防护功效及景观空间效应，设计道路防护林，选择生长稳定、抗性强的乡土物种，营造基地的绿化空间界面。

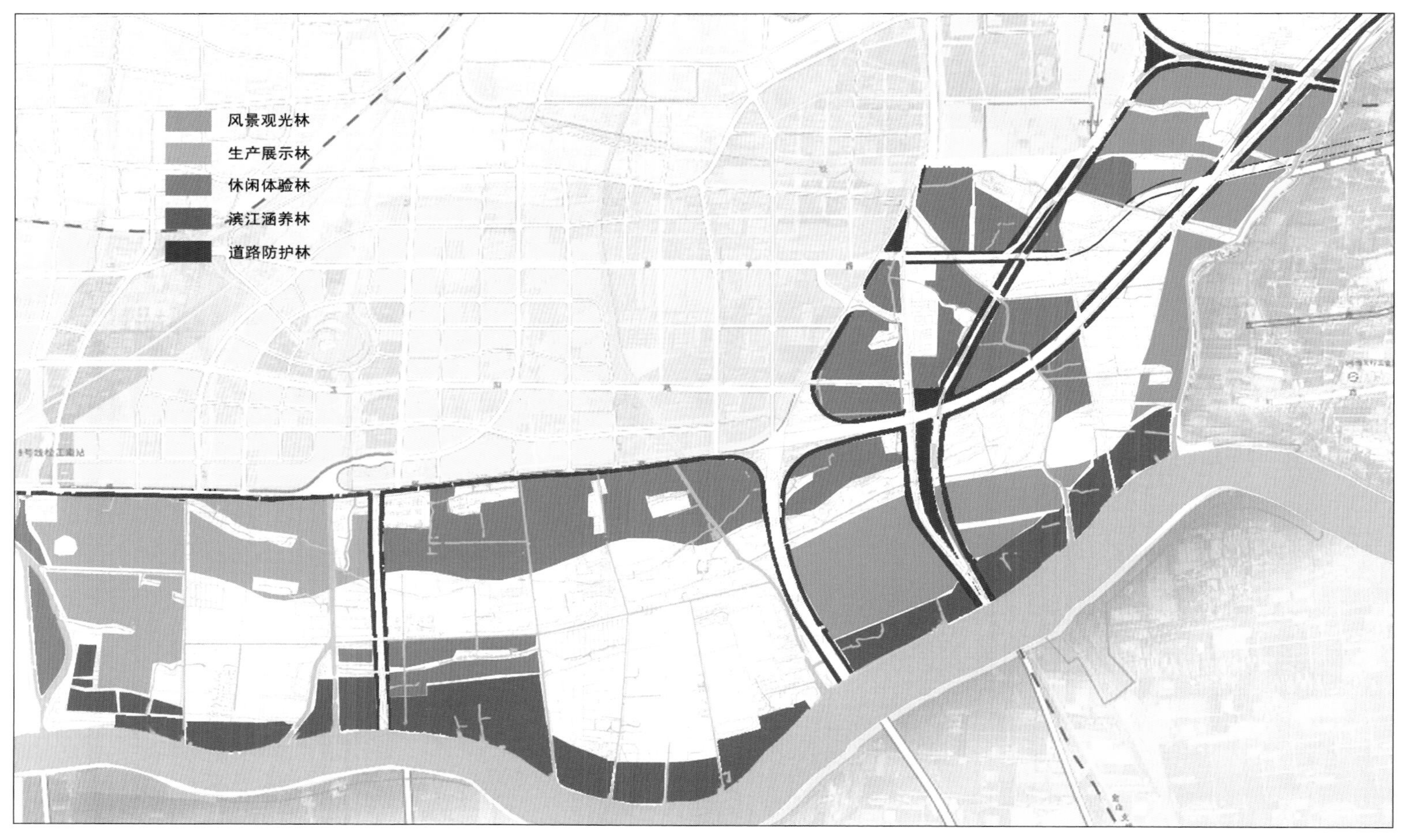

图 4-18 规划林地种类分布图

图 4-19 生态景观带鸟瞰

4）村庄

村庄的设计策略重点在于保留既有村庄“依河而居、临水而聚”的格局，凸显“水泽田、田见方，村在田中央”的乡野风貌。

综合考虑现状建筑风貌、建筑质量、规划导向等因素，确定村庄的拆、改、留。拆除村落包括建筑质量或整体景观风貌较差、与现有功能布局不符、与规划市政道路设施相冲突的村落。保留村庄主要为临近河网水系、风貌独特、建筑质量较好的居住点，通过修缮民宅、新建小镇广场等措施改善村落的人居环境。另外，对若干村庄进行局部改造，主要考虑村庄的风貌与区位特征，植入休疗养、休闲旅游、农家乐、特色餐饮等功能。

5）道路

规划坚持低碳生态的发展战略，处理好交通与环境的关系，合理布局道路交通设施，构筑与郊野风貌相匹配、低碳便捷、支撑游憩活动的多元化交通系统，主要采取以下规划策略。

规划提升与对外交通系统衔接度，调整沈海高速车亭公路出入口，在现状“南上南下”的出入口基础上增设沈海高速在基地的“北上北下”出入口，提升基地与中心城方向联系畅达性。

功能重塑减弱干路穿越影响。对于穿越本基地的区域干道江北路，规划通过“生态眼”手法柔化道路设计，同时在车墩镇总体规划实施深化中建议其红线宽度调整为 24 m，路幅宽度控制在 12 m，并通过道路断面设计适当降低车速，增加道路的绿化景观，以符合松南郊野公园的生态景观要求，凸显“路在景中、人行画中”的郊野趣味。

以慢行游憩为导向完善网络。遵循现状道路特点，充分利用现状内部道路，避免道路大修大建。根据公园功能布局，形成“尺度适宜、以慢行游憩为导向、互通互联”的内部路网，为游憩活动组织提供空间。总体上对约 90% 以上的现状乡村公路及村庄道路加以利用，一部分作为内部车行网络的组成部分，一部分改造用作内部慢行专用通道，在道路断面上尽量做到近、远期兼顾。

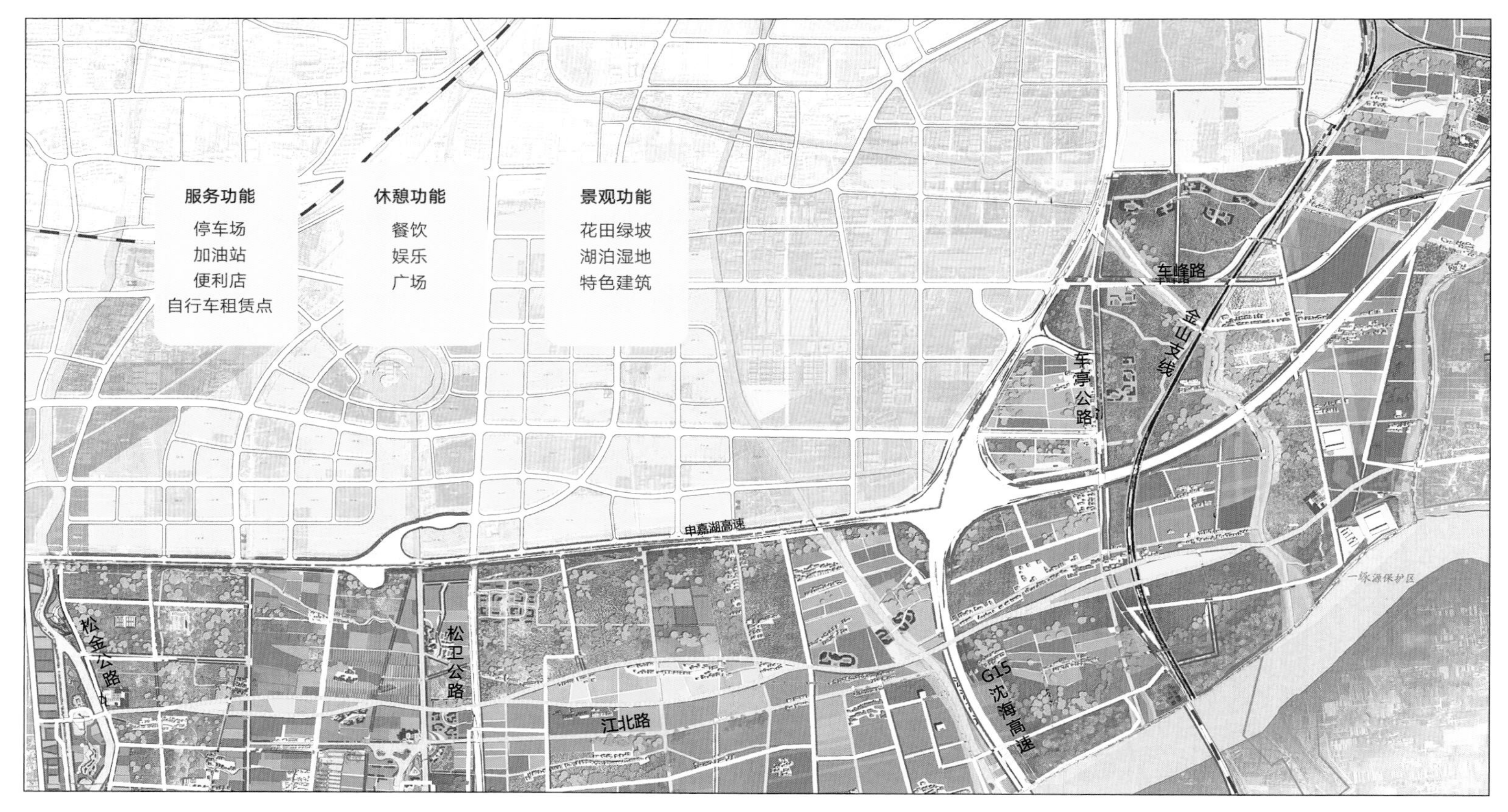

图 4-20 “生态眼”柔化道路设计

图 4-21 乡野风貌

图 4-22 融入区域文脉绿脉

2. 融入区域绿脉、文脉，展现松江水乡地域特点

1）突出绿脉，体现空间绿意的延展

规划向北连接松江城区绿脉，向西与浦江之首滨江绿道相接，向南跨浦江与浦南绿地隔岸相照，形成区域绿网。

2）突出文脉，再现历史文化经典

规划与周边地区的历史典故、文化经典相结合，从复原地域空间肌理及建筑风貌入手，打造米市渡小镇等特殊历史空间。首先，以米市渡口为中心，复原黄浦江畔小镇风貌，塑造以休闲娱乐、文化展示为主要功能的滨江休闲空间米市渡小镇；其次，对非物质文化遗产进行活化再生，融入实体建筑或体验活动，形成以弘扬当地丝网版画及剪纸技艺为主导的工艺美术村等；第三，通过注入各类主题游径设计的手法，对当地的节日、饮食风俗等进行情景再现。

如米市渡小镇的塑造，结合了工业遗址改造和大涨泾岛生态开发。小镇由爱情纪念林、爱之舟、米市渡文化商业区三部分组成。

爱情纪念林位于大涨泾岛西侧，是风景秀美、层林尽染的滨江涵养林。这里以爱情为主题，以林木观赏为主要内容，展现“夹江风景、两岸为美”的风貌。

图 4-23 米市渡小镇规划意向

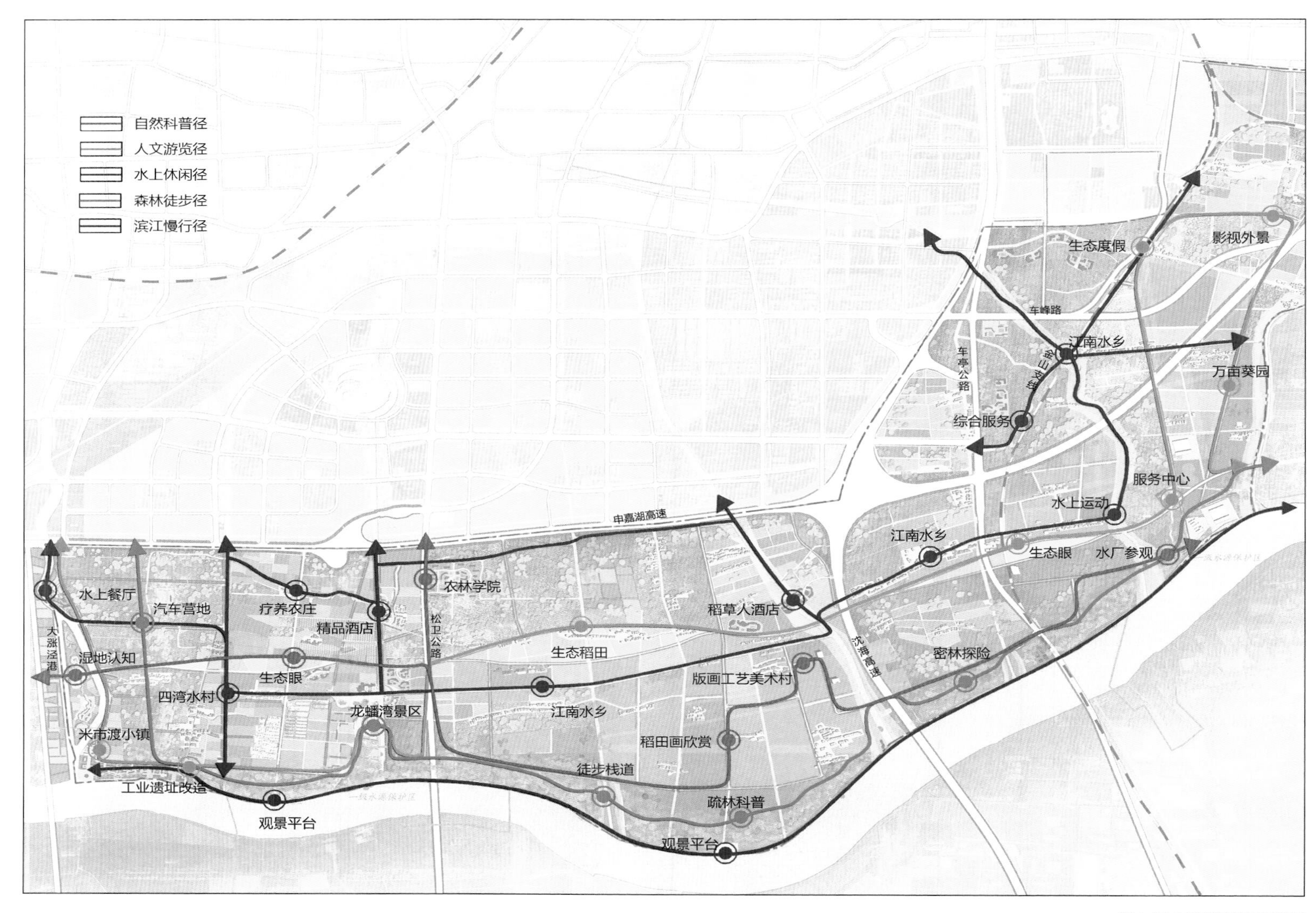

图 4-24 主题游览线路规划图

爱之舟以大涨泾生态岛为建设目标，一方面规划建设碧莲映月、金桂飘香等自然景点；另一方面设置瞭望塔、大慈寺、放生池等人文景观，为整个公园增添一抹神秘的色彩，为人们打开心灵之门，传递爱的力量。

米市渡文化商业区是集文化展示、休闲娱乐为一体的滨江旅游区。通过尊重现有米市渡口的历史文化底蕴，复原米市渡旁的古镇风貌；同时改造并利用现有的工业构筑物，如塔吊、厂房等，对工业文明进行展示。

3）多样化游憩，串联趣味点

规划在松南郊野公园设置丰富多彩的主题活动，将为市民们提供综合性体验的机会，既满足人们对于生态、景观、农业、生活、教育、宗教、艺术、娱乐等多方面的体验需求，也让整个公园丰富而有趣味，舒适而有意韵。

如何通过活动组织、游径设计来串联这些趣味点成为松南郊野公园规划的重点与亮点。

公园规划自然科普、人文游览、滨江慢行、森林徒步、水上休闲五条主题游览线路串联各个趣味点，提炼各区域特色并在全局上加以调控，做到特点鲜明、重点突出、张弛有度。

表 4-1 主题游览线路概况

名称	特色	串联功能点	长度（km）
自然科普路线	结合黄浦江的水源保护、动物的自然迁徙、植物的四季更替进行设计，为人们提供实践与体验的平台	湿地认知、疏林科普、农田观赏、水厂参观等	10
人文游览路线	对具有时代性、阶段性的元素加以概括提炼，通过对本地农俗文化，生活习惯及生产过程的保留和展示，增加趣味性，丰富游客体验	生态办公、工艺美术创意村、水厂净化展示、影视外景基地等	16.5
水上休闲路线	结合基地内部的水系景观，营造符合大众需求、散布于基地开放空间、内容丰富、融合性强、能在水上活动中自然彰显的游览线路	亲水酒店、江南水乡、生态办公等	18.5
滨江慢行路线	以黄浦江沿线慢行通道为依托，以观赏滨江涵养林和浦江上游风貌为游览特色	密林探险、徒步栈道及分布于各处的滨江观景平台等	9.5
森林徒步路线	主要满足广大青年接触自然、参与户外活动、健身、康体、运动需要，沿整个滨江涵养林设置	林中花田、林中宿营、徒步栈道、密林探险、林中音乐厅、森林运动会等	10

CHAPTER FIVE

浦江 · 树
——浦江郊野公园

Pujiang Country Park

CHAPTER SUMMARY

章节概要

人们陶醉于自然之美的时候，总是感慨那遥远的距离；在享受城市便捷的同时，又希望挣脱此间的拥挤与压抑。在“自然”与“城市”的两极之间，需要找寻一片区域，成为两者共生的乐土。浦江郊野公园是在闵行区浦江镇南部被城市环抱着的大型郊野绿地，以其独特区位、林地资源、农田景观及深厚的文化底蕴，意在打造一片区域协调、特点突出、景色宜人的“天籁之林”，力图成为自然与城市和谐平衡的那一个支点。

5.1 都市近郊，浦江之林

浦江郊野公园位于闵行区东南部的浦江镇境内，公园规划总面积 15.3 km^2，北靠着浦江中心镇区，南面紧邻鲁汇社区，西部隔黄浦江与吴泾工业区和紫竹科技园区相望，东接谈家港社区，成为都市环抱中一片自然栖息之所。浦江郊野公园是上海的重要生态节点，城市生态间隔带、近郊绿环、大治河生态走廊和金汇港生态走廊在这里交汇，水、陆、轨道等多种方式互为补充，交通优势十分显著。

5.1.1 便利的交通条件

浦江郊野公园地处浦江镇的中南部，有多条交通性干路经过。连接浙江和上海浦东国际机场的申嘉湖高速公路（S32）东西向穿过基地，在三鲁公路东侧设置有一组出入匝道；南北向的浦星公路南通星火工业区，北接市中心，是上海市民来往公园的主要道路；三鲁公路、沈杜公路也是公园道路网络的重要骨架。

公园的公交体系相对完善，不仅有轨道交通 8 号线可以直达，规划的南桥至东方体育中心快速公交线路也从基地中部穿过。游客还可以通过水上巴士到达位于郊野公园西部的轮渡码头。多种可供选择的交通方式，为游客提供了便利，也成为基地最吸引人的特色之一。

然而，浦星公路、申嘉湖高速公路（S32）等道路承担了大量的交通，许多路段在高峰时段趋于饱和，而且过宽的路幅从一定程度上对公园造成了割裂，破坏了公园的完整性，给公园规划带来了负面影响。

5.1.2 鲜明的林地景观

现状浦江郊野公园林园地总面积为 4.45 km^2，占公园总用地面积近三分之一，由环境保护林、水源涵养林、护路林、护岸林和风景林组成。林地以阔叶混交林与纯林为主，榆树、樟木、国槐、水杉、木兰较多，有多种鸟类栖息。然而，物种单一的情况突出，植物群落有待优化。

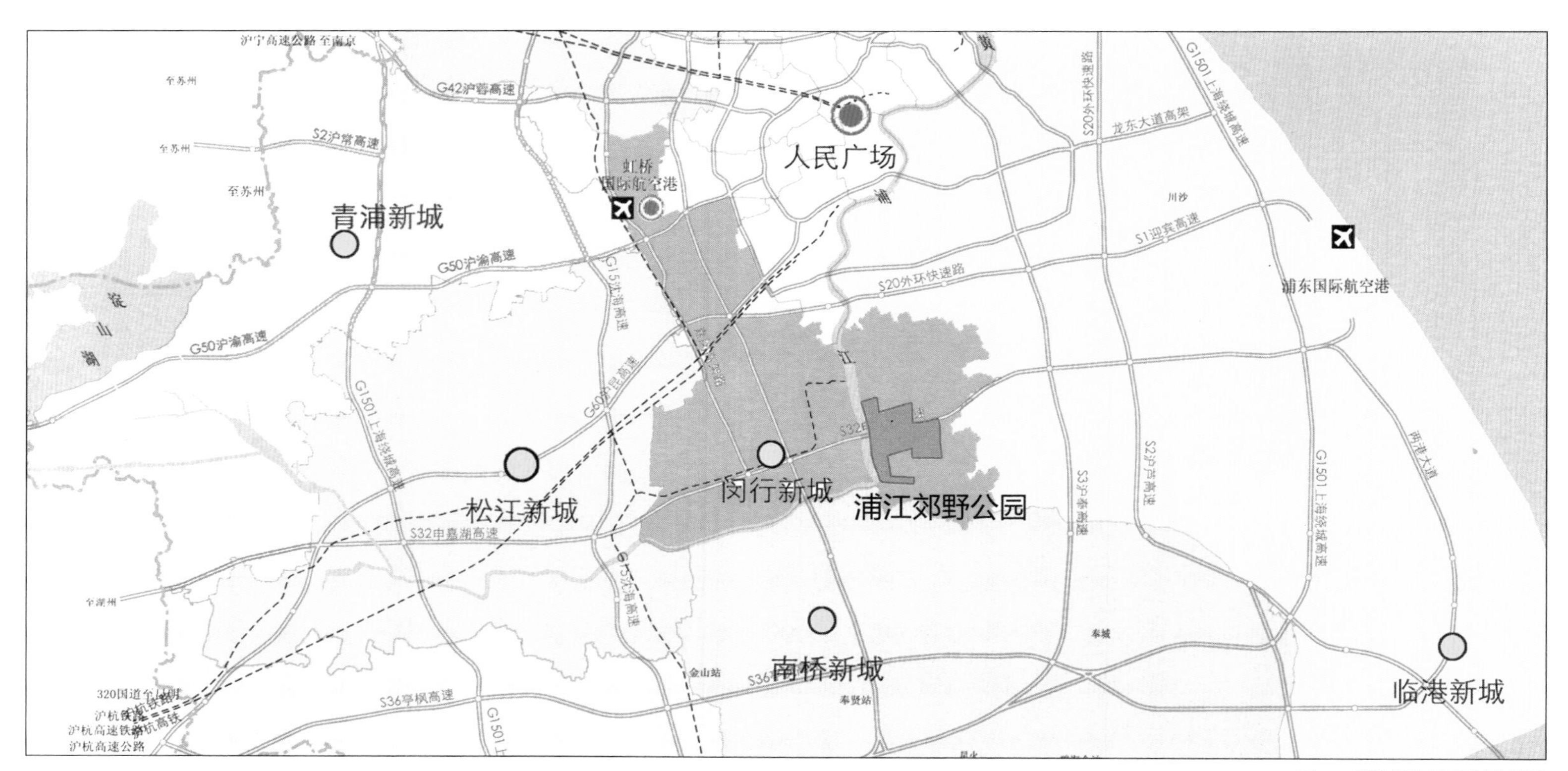

图 5-1 浦江郊野公园区域位置图

图 5-2 浦江郊野公园滨江植物带

5.2 整合资源，城郊融合

浦江郊野公园整合了生态、区位、文化、历史遗迹等各种优势资源，成为以森林游憩、滨水休闲、农业科普为主要功能的都市近郊森林型郊野公园。

作为都市与自然和谐共生的梦想之地，浦江郊野公园围绕生态、活力、文化，总体定位为“浦江・树公园——都市与自然共同演绎的乐章”。

5.2.1 生态之树——共享自然，与万亩林木一同呼吸

规划以现状水域、林地、动植物为基底，构建郊野公园林地生态体系。在水系的处理中，做到不填水，不破坏现状肌理，连通骨干水系，保留现状农田水网，形成生态条件良好的公园水系。在林地生态系统的构建中，优化植物群落，保护生态涵养区，梳理林地空间，开发林地活动区，对生态保育林采取限制活动的策略，将更多的活动引入风景观光林和休闲游憩林。

为了防止环抱的城镇阻隔公园的生态效益，规划在“生态之树”理念的指导下，更加注重区域生态效益的整合。一方面，以“树心地带—百花河谷”为核心，向周边区域渗透生态绿楔，强化生态效应。另一方面，利用浦江—大治—金汇十字生态廊道，发挥生态枢纽作用，形成生态地标。

5.2.2 活力之树——乐享生活，与百万树木一同聆听

郊野公园是对抗城市蔓延、密集带来的大量城市问题的重要手段，是恢复城市活力的动力之源，对于嵌入城区的浦江郊野公园尤其如此。这棵“活力之树”吸收浦江之水，扎根郊野地区，而人的活动，将把这里的生态价值传播，让绿荫渗透到城市的其他地区，通过生态空间的溢出效应，改善城市活力的根基。

在林地区域，规划根据现状林地的布局，结合不同的功能分区，设置活动场地。活动设计注重动静结合，协调游憩活动与生态保育之间的关系。在密林区域尽量保持森林的静谧与原生态，湿地林间倾听鸟之欢歌，浦江岸边倾听江涛拍岸，丛林深处倾听天籁之声；而在疏林区域，以生态景观为背景，强化郊野游憩功能，打造集观光休闲、康体游乐、林业生产、生态保育等为一体的林中空间，为城市人群提供体验自然生活的多样化场所。

图 5-3 浦江地区林中村落

5.2.3 文化之树——回享历史，与百年古木一同寻迹

公园对“文化之树”的营造离不开对古树名木的保护和改造。如位于建新村十组的两棵树龄 100 年的银杏，将结合村落改造，形成“双木迎亲”的新景观，诉说当年元朝丞相脱脱之子迎娶百花公主的传奇。而围绕其中树龄最长、周边资源禀赋最为优良的 300 年古树，将打造一座以“古刹灵木”为主题的古树广场，与长寿禅寺遥相呼应，再现清康熙年间长寿寺鼎盛时期的画面。其他景点还包括位于跃进村由三棵 200 年古木构成的“三木映画”及建新村由一棵 300 年古树展现的“古木新春”等。百年古木见证着村落发展历程，经过一番改造，游客可以从中追寻本地记忆。

在古镇体验游线设计中，用游线串联古镇与长寿禅寺。通过对古镇米市、手工作坊的再现，深深映射古镇历史；同时，对长寿禅寺进行保护利用，结合禅寺新址和周边景观，提供禅修体验、竹林清修等活动，形成精神文化层面的休闲场所。

在滨江休闲游线设计中，也注重历史文化重塑。目前在浦江沿岸的沈杜公路南侧地带，仍存有规模较大、特色鲜明的工业设施，是浦江乃至上海工业历史发展的见证。规划一方面改造滨江轮渡码头，建设游艇内港，形成都市小憩区；另一方面，对现存较好的工业设施进行保留并加以改造，赋予其新的功能及活力，实现工业遗产的创意转变。

图 5-5 浦江“树”公园

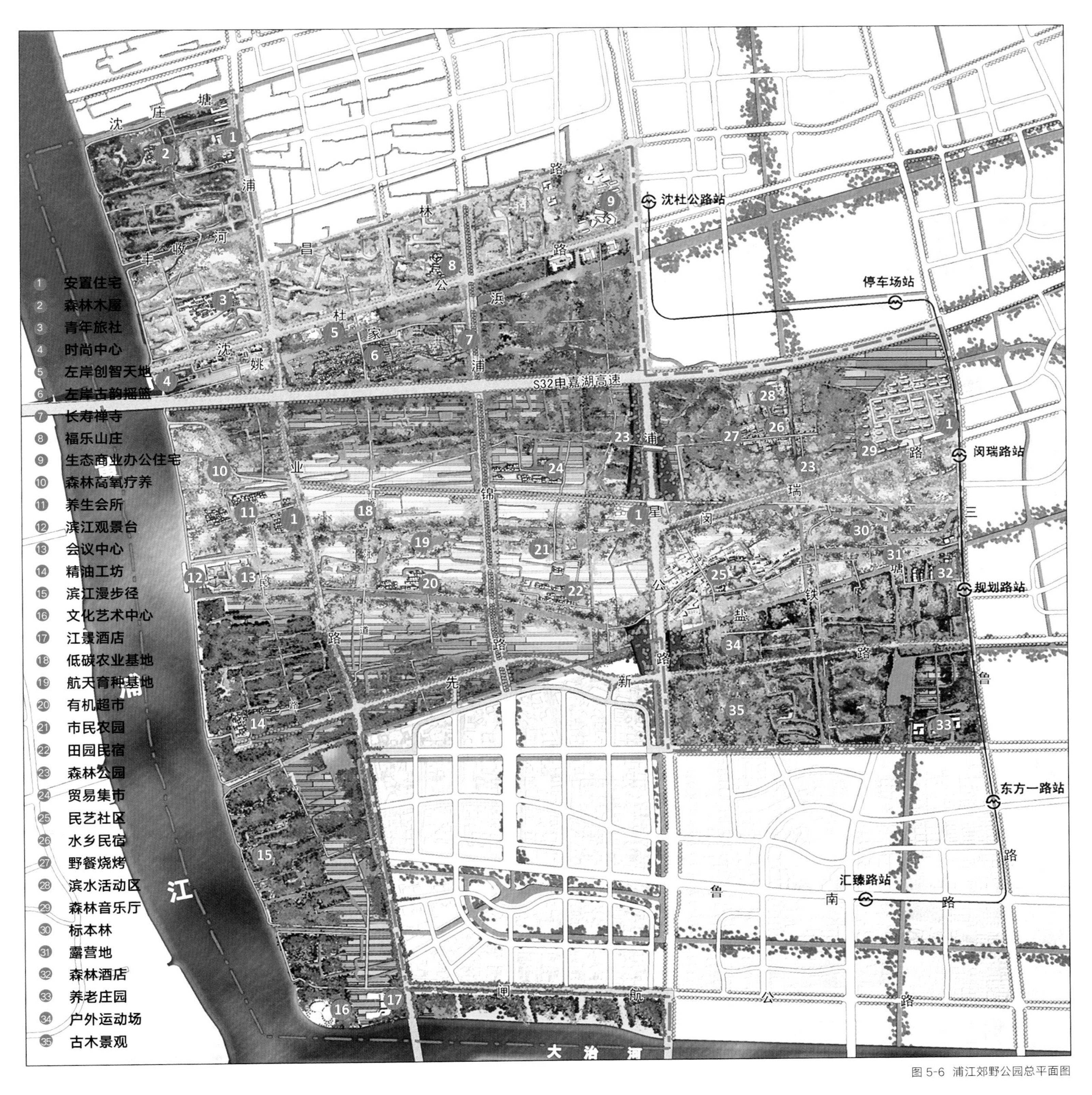

图 5-6 浦江郊野公园总平面图

5.3 节点更新，活力再造

5.3.1 古镇老厂，传承新生

1. 杜行老镇

杜行老镇作为浦江郊野公园唯一保留的村镇，具有鲜明的特色。老镇不同风格的建筑是杜行村历史发展的生动再现，具有明显的时代性，随着社会发展，传统粉墙黛瓦的建筑不能满足村民的生活需求。规划采用自然腾挪和局部更新方式，规定居民点用地框线，在框线内投入基础设施，引导村民结合自身意愿搬迁，使居民用地逐步集中。对原有村落密集的建筑区域，对少部分建筑进行拆除，转变为水面、林地、田地等，或变为村民活动和聚集中心。沿河或道路布置的村庄适当拆除部分建筑，打通生态廊道，加强农田、林地、水面的通透感。对于被河流或农田包围的村落，在外围拆除部分建筑置换为水塘或农田，以缩小村落面积。同时建筑风貌改造要结合村民的诉求及国内外领先城市的开发建设经验，不一定要千篇一律地采用某种建筑风格或建筑样式，在适当融入现代元素的同时，要保证村落整体风貌的和谐，以不破坏传统村落景观风貌为首要原则。

古镇印象

区位

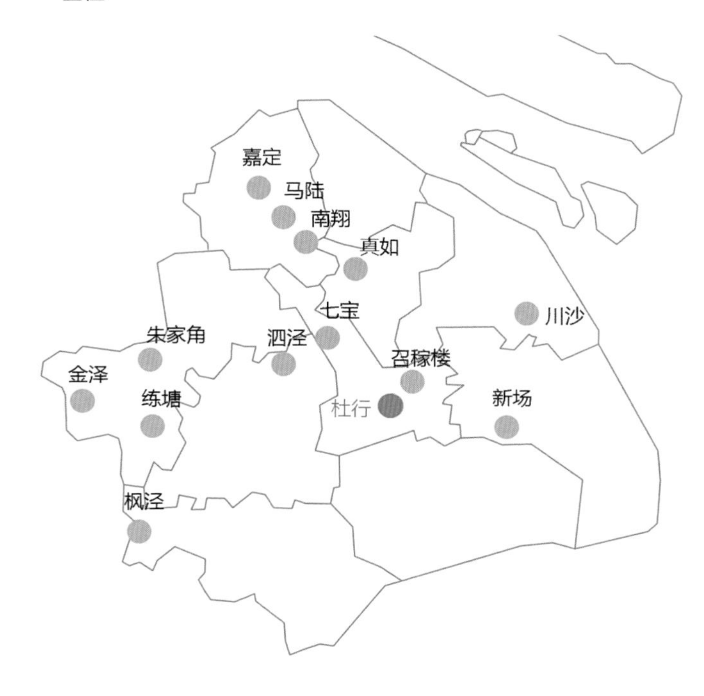

村落形态

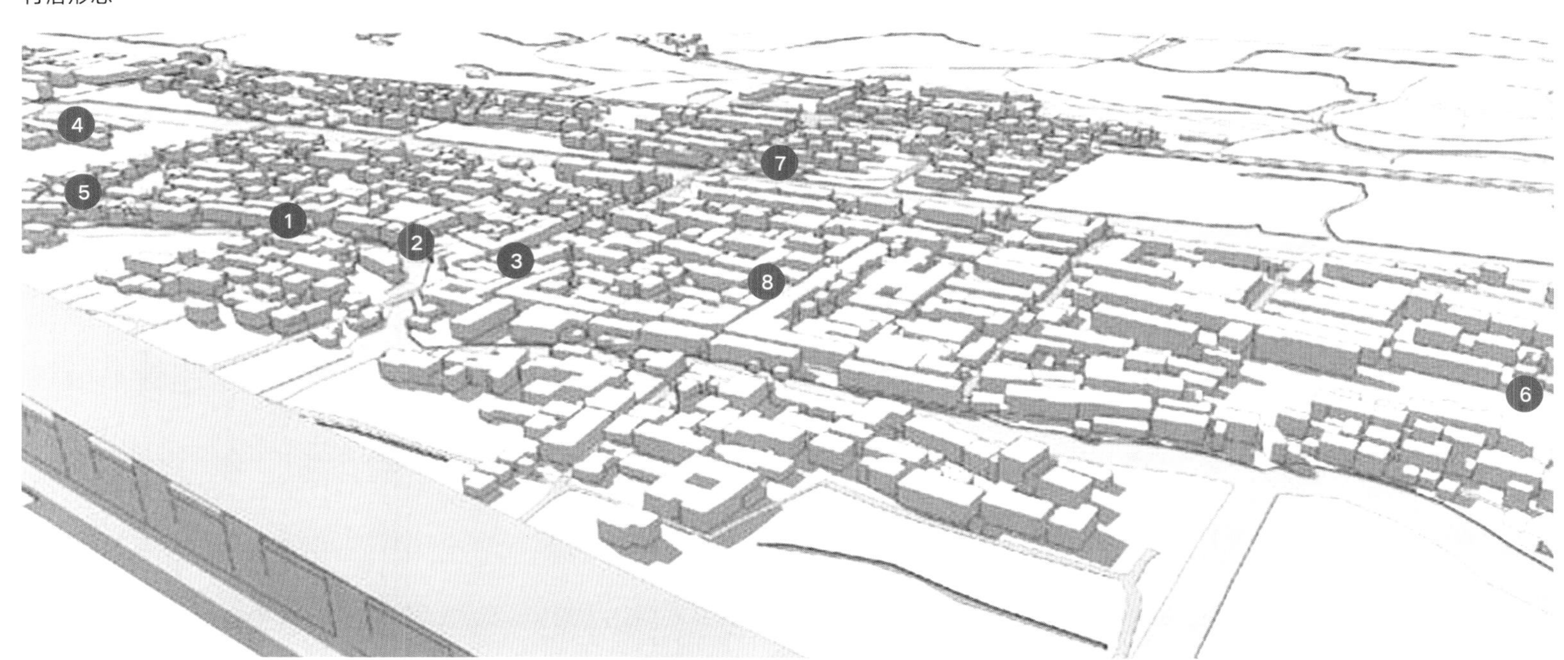

特色景观

芳花渡 临水台 小镇东街 小教堂 矮石墙 树 青瓦屋 老宅

图 5-7 杜行古镇现状景观分析图

2. 长寿禅寺

长寿寺始建于南宋宝佑年间（1253—1258），几度重修，历尽兴衰。目前长寿禅寺使用杜行老镇东一所废弃的小学校舍作为僧舍。寺中有一棵古银杏树，树龄 300 年，树高 23 m，生长状况良好。

长寿禅寺与老镇遥相辉映，因其悠久的历史，已然成为杜行老镇密不可分的一部分。规划结合杜行老镇独特的文化和禅寺新址的古树名木，对长寿禅寺进行修复，对宗教文化进行重塑，打造宗教交流、静心养身、修德养性的场所，提供禅修体验、竹林清修等活动，实现精神、文化等非物质层面游憩功能的开发，让长寿禅寺成为一处以宗教文化为主题、集各种服务设施于一体的特色景点。禅寺提供冥想、坐禅、行禅、瑜伽之所，安排禅宿、禅厨、疗养之处；访客则品鉴佛学、书画、茶道之妙，体验音乐、艺术、表演之美好。

图 5-8 长寿禅寺广场节点设计意向

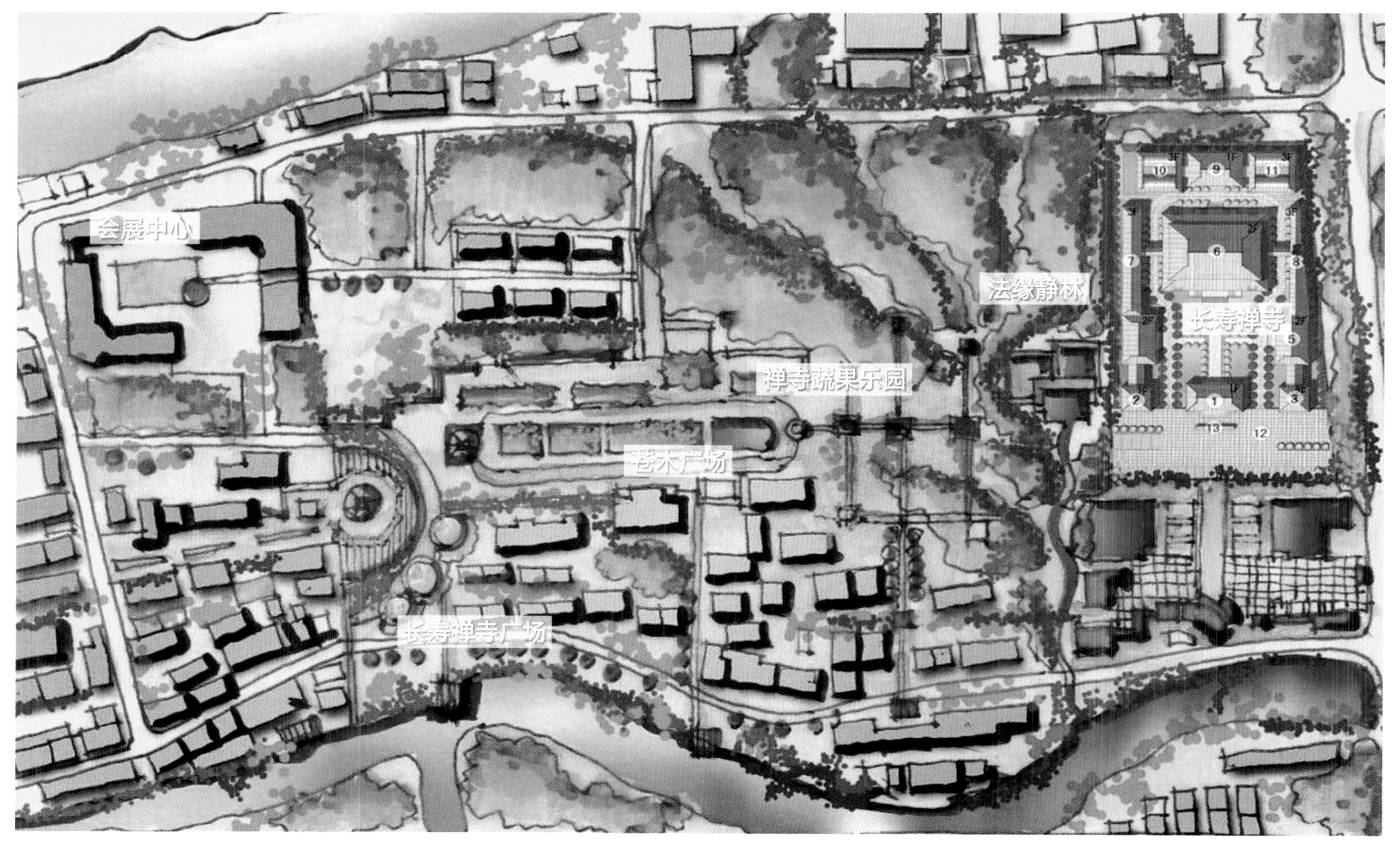

图 5-9 长寿禅寺广场节点规划设计

3. 百花福地

拔赐庄又名百花庄，是元至正四年（1345），脱脱丞相为迎娶百花公主，以蒙古族理念整理改造成具有塞外风情的“江南北国庄园”，现属于建新村。庄内水系发达，老盐铁塘从庄中穿过，另有多条支流在村中形成水塘。村中至今还保留着两棵百年古银杏树。

在景观设计方面，一是将两棵百年古树打造成“双木迎亲”的特色景观；二是增加小桥，凸显九曲江南的乡土意境，复原“拔赐庄八景”中野塘春涨、官堤秋晓、懒园老松、毛湾斗鸭、斜桥步月、春园晚照六景；三是在保留村落布局的基础上，沿河岸增设景观带。

图 5-10 百花福地节点设计意向

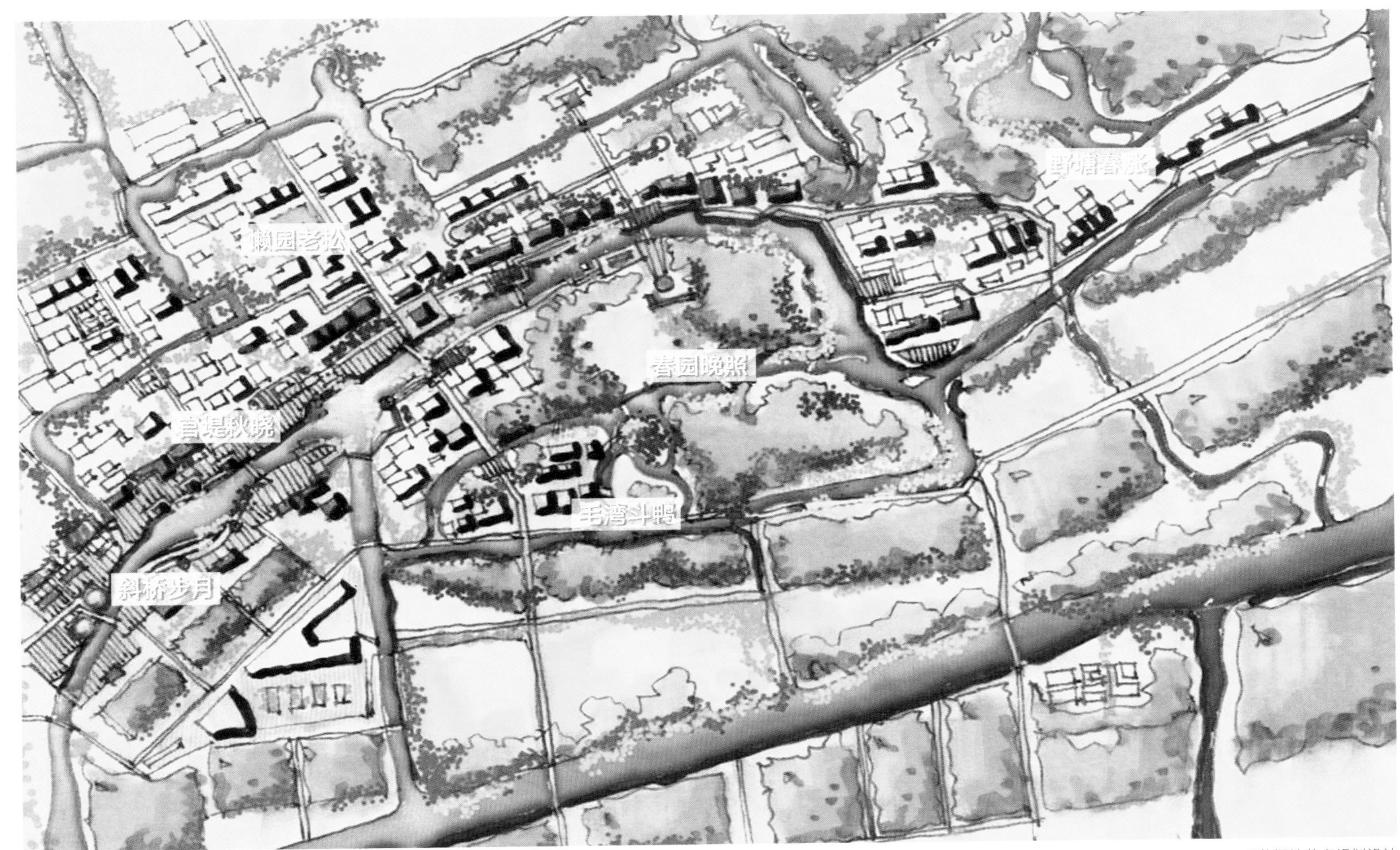

图 5-11 百花福地节点规划设计

4. 浦江新天地及郊野论坛中心

在郊野公园基地内，浦江沿线及沈杜公路两侧有集中成片的工业用地。一些工厂规模较大，结构完整，大跨度厂房、塔吊、储气罐、老码头等景观风貌特殊，具有一定的保留价值，适宜再利用。

规划对现存的规模较大、特色鲜明的工业设施进行保留并加以改造，赋予其新的功能及活力，实现工业文明的创意转变。

规划在沈杜公路两侧打造浦江新天地，将化工厂、轮渡码头和滨水工业仓储带打造成时尚中心、高端酒店，使之成为公园内最具活力的节点之一；并将部分滨江工厂更新为郊野论坛中心和一系列历史陈列展馆，体现历史传承。

图 5-12 郊野论坛中心设计意向

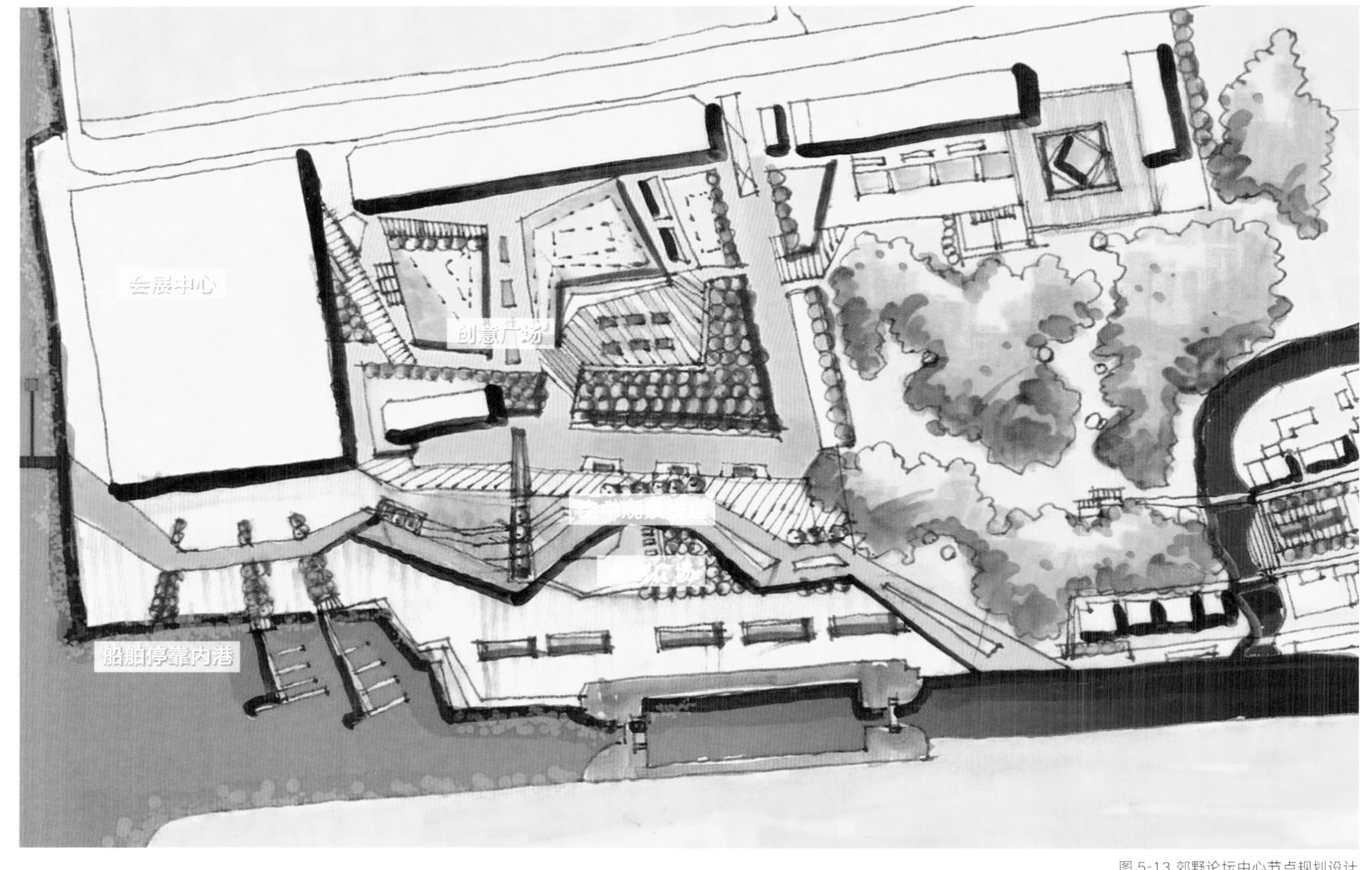

图 5-13 郊野论坛中心节点规划设计

5.3.2 丰富体验，活动组织

通过统筹公园内的乡村环境、自然风光和人文资源等各要素，浦江郊野公园将以休闲旅游、观光旅游、科普旅游、文化体验旅游为主，服务市民的游憩需求；同时发展度假活动，包括康体、疗养、会议培训、户外运动等。

公园内部游线既是连接各景观节点的纽带，又是体现“绿色交通”理念的景观走廊。浦江郊野公园游线主要分为步行游线、自行车游线和水上游线三类。

1. 步行游线

由于郊野公园游览方式以步行最为普遍，因此步行游线是整个游线系统中最为重要的部分。

规划设计滨江休闲、文化体验、森林游憩和农林观光四条主题慢行游线，串联起各主要景点。每个主题游线的游览时间控制在半天以内，相互之间进行局部穿插连接，方便游客自行组合。每条游线为外来游客及周边居民分别设置主入口，方便游客进入。

2. 自行车游线

园区慢行道路中，选取现状道路条件较好的路段（水泥铺装、宽度大于 3 m，景观条件良好）规划自行车游线，同时间隔一定距离设置自行车驿站，方便游客随时换乘。同时，可利用规划自行车道举办不同规模的自行车赛事。其中两条短赛程车道成环状，长度分别为 5 km 和 3.5 km，位于林田观光游憩区内。长赛程车道总长 35 km，贯穿公园内各主要功能区。

3. 水上游线

规划自北向南利用姚家浜、盐铁塘、大治河设计三条骨干游线，在时尚中心、会议中心及文化艺术中心三个节点处设计内港码头，实现浦江大游线与郊野公园内部水上游线的换乘。利用公园内部丰富的水网，形成 5 条次级环状水上游线。次级游线设计以不穿越主要车行道路为原则，布置在人流及景点密集处，在骨干游线相连接处设计小型换乘码头。

表 5-1 游憩活动组织表

游憩强度	活动类型	活动内容	活动场地
高强度	文化体验类	古镇观览、民俗展示 风味餐饮、民宿体验	左岸古韵摇篮
		文化参与、创意展示 生态办公、高档住宿	右岸创智天地
		宗教体验	天主教堂、长寿禅寺
		时尚秀场、发布	时尚中心
		文化演出、艺术博览	文化艺术中心
	户外休闲类	野餐烧烤	烧烤区
		露营	露营地
		音乐会、篝火晚会	森林音乐厅
		垂钓、戏水、游船	滨水活动区
		健身	户外运动场
		儿童游乐	儿童活动区
中强度	农林观光类	高新技术农业参观	低碳农业基地 航天育种基地
		风景观览、摄影	浦江森林公园
		科普认知	标本林
		风景观览、文化追思	村庄纪念林
		耕作体验、蔬果采摘	市民农园
低强度	生态疗养类	风景观览、摄影	滨江漫游径
		森林高氧疗养	游步道、休憩设施
		登高望远	滨江观景台
		生态科普保育	候鸟保护中心

CHAPTER SIX

净之洲
——长兴郊野公园

Changxing Country Park

CHAPTER SUMMARY

章节概要

长歌橘蔻晚钟悠，
兴雨杉风一艇秋。
郊韵绵绵锦梦俊，
野沙骁骁入江流。

6.1 海上遗珠，江中胜景

从上海市中心驱车 1 小时便进入一片欣荣葱茏的绿洲——长兴岛。这座长江中的小岛未来将是“世界先进的海洋装备岛、上海的生态水源岛、独具特色的景观旅游岛”。长兴郊野公园位于长兴岛西北部，总面积 29.75 km^2，是近期五个郊野公园中面积最大的一个。

长兴郊野公园以“橘树、杉树”构成多层次林园景观，以“滩涂、水库、骨干河道、湿地、大片水面”构成的岛屿湿地型水系景观，以“景观风貌良好的度假村、私家庄园及江南水乡格局村落”构成的建筑景观，最终营造出“田成格、水临路、林成行、村依水”的景观格局，形成“两行杉树、水路并行、二四成网、聚格成行”的整体现状肌理。沙地文化、农场文化、海洋文化的历史沿革深深烙在每一寸土地上，郊野公园规划将进一步彰显各个时代的特征。

6.1.1 喉舌之地，江心绿岛

长兴岛地处吴淞口外长江南水道入海口，为上海北部崇明三岛之一，是连接崇明岛和上海市区半岛的喉舌，东临横沙，北望崇明，南与浦东外高桥相距仅 7.5 km。陆域面积 88 km^2，现有人口 3.6 万，为上海 21 世纪可持续发展的重要战略空间。

长兴岛承接上海市和江苏省的人流、车流、物流，是沪崇苏沿海大通道的重要节点，至上海浦东机场约 35 km 车程。南北向大通道沪陕高速公路（G40）与长兴岛东西向主轴线潘圆公路相交。规划轨交 19 号线在东侧设站，将长兴岛纳入上海市 1.5 小时交通圈。

长兴郊野公园位于长兴岛西北部，其东南侧是凤凰镇，北部为青草沙水库控制区，南侧为海洋装备产业区。凤凰镇镇东社区未来将以中央绿化公园为契机在核心区打造高端商务区，综合居住、商业、教育科研等功能。距长兴郊野公园 15 km 范围内分布有滨江森林公园、炮台湾湿地森林公园、共青国家森林公园、东沟楔形绿地、东滩湿地公园等众多上海市公共绿地。

6.1.2 水路并行，引步田间

基地内现有一条高速公路（沪陕高速公路）、一条市级干线（潘圆公路）和三条区级干线（青草沙路、凤凰公路、凤西路），对外交通主要依靠沪陕高速公路和潘圆公路。

现状主要对外公路建设较好，内部道路以联络村宅间的村道为主，南北向居多，东西向较少。村庄临河而聚，大部分沿尽端式乡村主路及鱼骨状小路展开。这些道路多为混凝土道路，路幅基本宽度为 3 ~ 4 m。村主要对外道路宽度在 6 ~ 8 m，能满足村民日常交通出行需求；沿河道走向道路现状较好，两侧绿化条件较好；基地北侧的道路现状条件相对较差，存在较多土路、石子路，车辆通行条件较差。由于现状乡村道路路幅窄，公交线路难以通行。

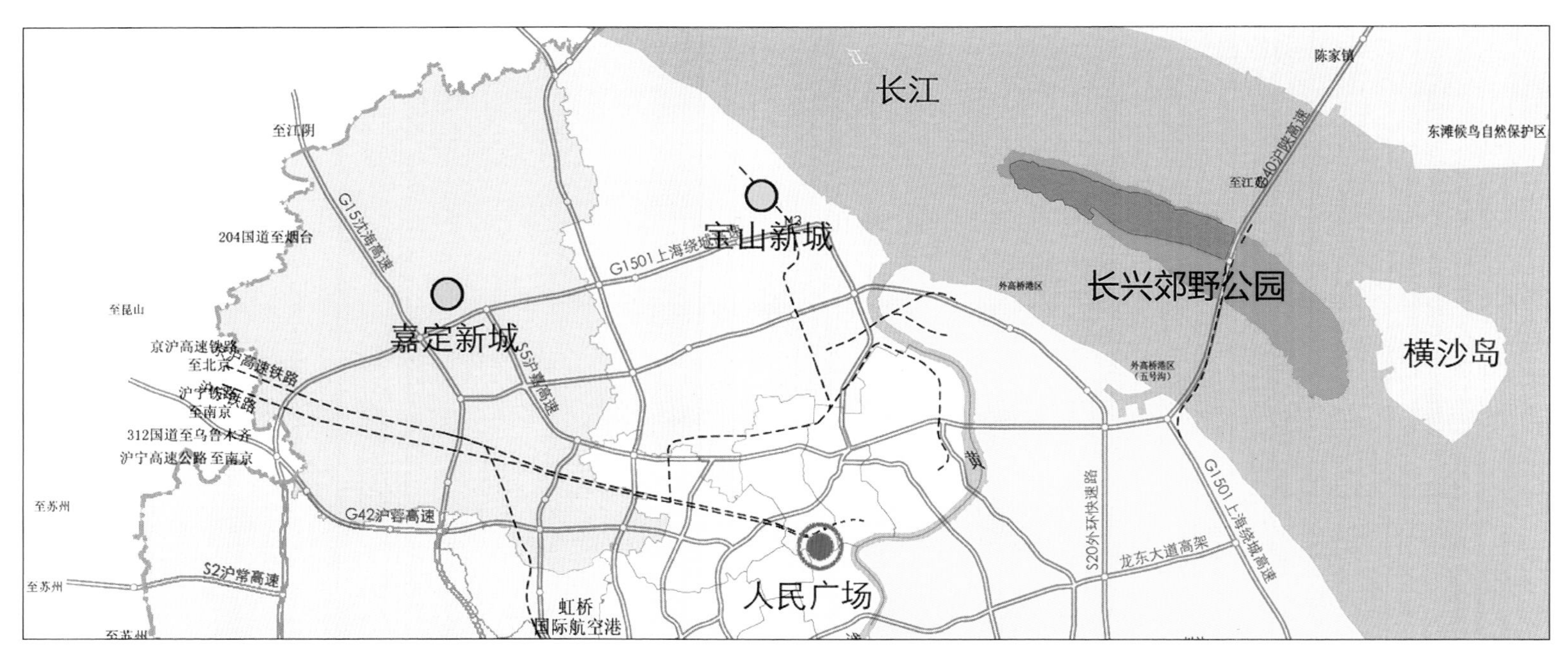

图 6-1 长兴郊野公园区域位置图

6.1.3 红瓦白墙，依水而居

长兴郊野公园内宅基密布，主要涉及 13 个行政村和前卫农场，大量农民宅基集中在中部。农民宅基为典型的江南水乡村落，与橘园和村内主干河道交错布局。建筑依水而建，沿路分布，红色屋顶，白色外墙。宅基地约占总用地面积 12%; 基地内 13 个行政村基本均已配有“三室两点”(即村委会办公室、医疗室、老年活动室和便民店、健身点），公共配套设施主要布置在潘圆公路沿线。现状建筑质量较好的宅基约占总量的 31%，建筑质量较差的约占总量的 34%。

6.1.4 一江环绕，流水潺潺

长兴郊野公园北拥青草沙，南面长江，公园内河网密布，西部多水塘，约占总用地面积 11.05%。基地内现有 38 条河道，其中 21 条乡级河道，17 条村级河道。双孔水闸河、团结河采用人工护坡工程，其他河道均采用自然护坡，河道两侧自然景观较好。河道中，景观较好的约占 27%，景观较差的约占 46%。青草沙水库建设及部分排水河道被填埋、截断等因素，打乱了原有的水系网络，导致河道淤积，排水不畅，断流居多，水体质量评价结果多以劣 V 类水为主，有富营养化的趋势。

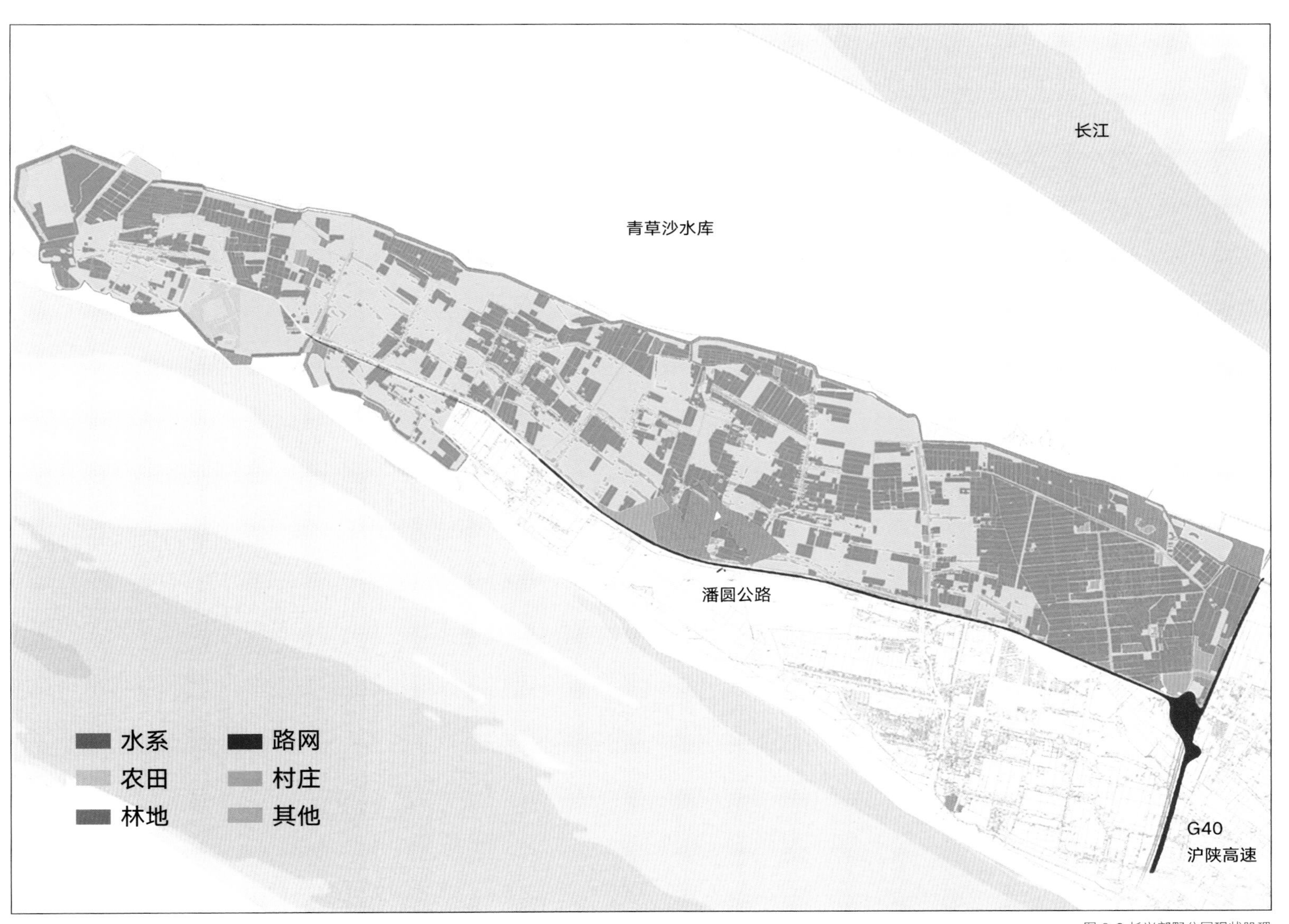

图 6-2 长兴郊野公园现状肌理

6.1.5 二四成网，聚田成格

长兴岛现状农地以园地与耕地为主。耕地种类以灌溉水田、菜田为主，主要作物为水稻、蔬菜，大多分布在中部及西端。园地主要种植橘树，橘树按 400 m × 200 m 的田块模式均匀分布在各行政村内。农地中，景观较好的约占 32%，景观较差的约占 36%。

6.1.6 杉植阡陌，悬金美橘

长兴郊野公园具有独特的生态林资源，林地占总面积 5.55%。现状林地形态主要分为片林和带状林地。经评定，现状良好的园林地占园地总面积的 51%，主要分布在一期启动区东北部和西部，现状较差的园林地占园林地总面积的 13%，各行政村均有分布，较为零散，不成规模。

6.1.7 时代印迹，人文气息

长兴岛发展可追溯到清朝道光年间，由长江水挟带泥沙在入海口沉积而成。总体上可分为三大阶段。

沙地文化时期，长兴岛属沙洲。自1960年始，国家投资建设防坍工程。经过十多年的自然淤积，加上不断填江筑堤，长兴岛六个沙洲于 1972 年连成一体。

农场文化时期，岛上前卫农场建于 1958 年，20 世纪 70 年代，农场成为安置上山下乡知识青年的主要场所之一。柑橘生产成为岛上农场发展农业的主攻方向。知青历史深深烙在每一寸土地上。

海洋文化时期，2009 年江南船厂等海洋装备产业迁入，大跨度的白色厂房、船坞码头，红色、蓝色的塔吊是海洋产业的最具代表性景观特征。长兴岛作为海洋产业基地，其现代化造船工业风貌是区别于其他地区最大的特征。现代化的厂区使长兴岛成为海洋文化的代表，体现长兴岛的时代特征。

图 6-3 长兴郊野公园现状道路

图 6-4 长兴橘园的累累硕果

6.2 长兴净界，海上绿洲

规划挖掘长兴郊野公园蕴藏在清澈洁净的源水、纯净自然的绿色空间、昼夜奔流的江水之中的精神特质。公园紧邻上海重要的水源地青草沙水库，长兴岛是长江中的沙洲，遍植人工密林、生态橘园。规划从生态水源地出发，引申出纯净之源、生命之源、健康之源、活力之源四大主题，演绎水源长兴、杉林生态的“净”理念。

长兴郊野公园有个特殊的名字，净之洲公园。规划围绕“纯净、进取、静心、境界”四大特质展现。“净”指青草沙水库清澈洁净的源水，以及参天杉树等自然静谧空间，规划将借此营造纯净的生态绿洲；“进”指长江永不止息、江上百舸争流的进取精神，公园将成为活力健康之境；“静”指“结庐在人境，而无车马喧。问君何能尔，心远地自偏”般的平和心态，游客在此处可体验渔樵耕读、返璞归真的静心生活；“境”指公园地处长江入海口，游客宜登高远眺，谈古论今，冥想静悟，体悟天人合一的至高境界。综上所述，设计理念可概括为“长兴净界，海上绿洲”，设计者意在打造一个回归自然、修身养性的理想之地。

6.2.1 三色彩带，魅力空间

规划充分研究公园的景观特质、人文特色、周边发展的趋势，借用岛上种植最多的杉树的树叶特征，提出反映公园空间意象的主题策划。

长兴岛处在连接上海与江苏的长江隧桥咽喉之地，是大通道的重要一环，规划岛屿整体形成“东悠西宁，南显北隐，中田园”的空间意象。

中部郊野公园带从东向西，结合未来地区发展国家一级渔港、“长江第一滩”的重大举措，将形成渔港餐饮特色、度假居住、田园体验、长江观景四大空间。围绕“田、水、路、林、村”五大要素，营造“被岛金衣掩凤凰，曳堤芦苇郁苍茫。拍舷天水共一色，青黄界色划斜阳”的蓝、绿、橙三色空间意象。

图 6-5 纯净的生态水源地长兴岛

6.2.2 动静相宜，功能融合

长兴郊野公园依托潘圆公路、沪陕高速公路东西联动，形成水源涵养区、度假休闲区、田园耕作区、森林湿地区四大功能区。

水源涵养区位于公园北部，是毗邻青草沙水库的林田带状区域。此地通过密植杉林、贯通水系来形成具备良好生境的水源涵养区域，其功能主要为水源涵养、水土保持、绿肺种源。规划在其中打造“杉林氧吧”，布置水库观光塔、林中栈道等少量活动。

度假休闲区位于公园东部，紧靠沪陕高速公路，是郊野公园示范区和活动集中区。规划结合现有的橘园设置文化、体育健身等功能。度假休闲区内，尊重自然现状，传承橘园文脉，创造康体休闲功能，打造上海市民的后花园和生态运动场，形成体验型生态康体休闲区。

田园耕作区位于长兴郊野单元中部，以特色种植、特色村庄和大地景观为特色，规划打造世外桃源般的田园环境，设置农耕体验、果园采摘等功能，开展农业观光、花园民宿、农耕体验、民俗展示、农产品交易、民宿、田园摄影等活动。

森林湿地区位于公园西端。依托良好的现状植被和较好的滩涂湿地，规划演绎沙地文化，打造“岛链”的特色空间，设置养生、高端商务等功能。

6.2.3 生态保育，底线管控

长兴郊野公园处于青草沙一级、二级水源保护区范围，参照《上海市饮用水水源保护条例》，规划遵循上位规划确定的禁建区范围，建议把一级水源保护区及创建港以西设置为**禁建区**，用地面积约 6.79 km^2，该区域是永久禁止开发建设的区域，禁止新建、改建、扩建与取水设施和保护水源无关的项目，以永久性生态涵养林和耕地为主。在永久保护区内应加大生态绿化建设及环保力度。

规划遵循上位规划，将禁建区以外的本公园范围设置为**限建区**，用地面积约 22.91 km^2。该区域以生态保护为主，允许进行适度生产、生活活动。在限建区内的建设活动和其他社会活动必须得到约束，符合较严格的要求，杜绝农药排放影响水质。

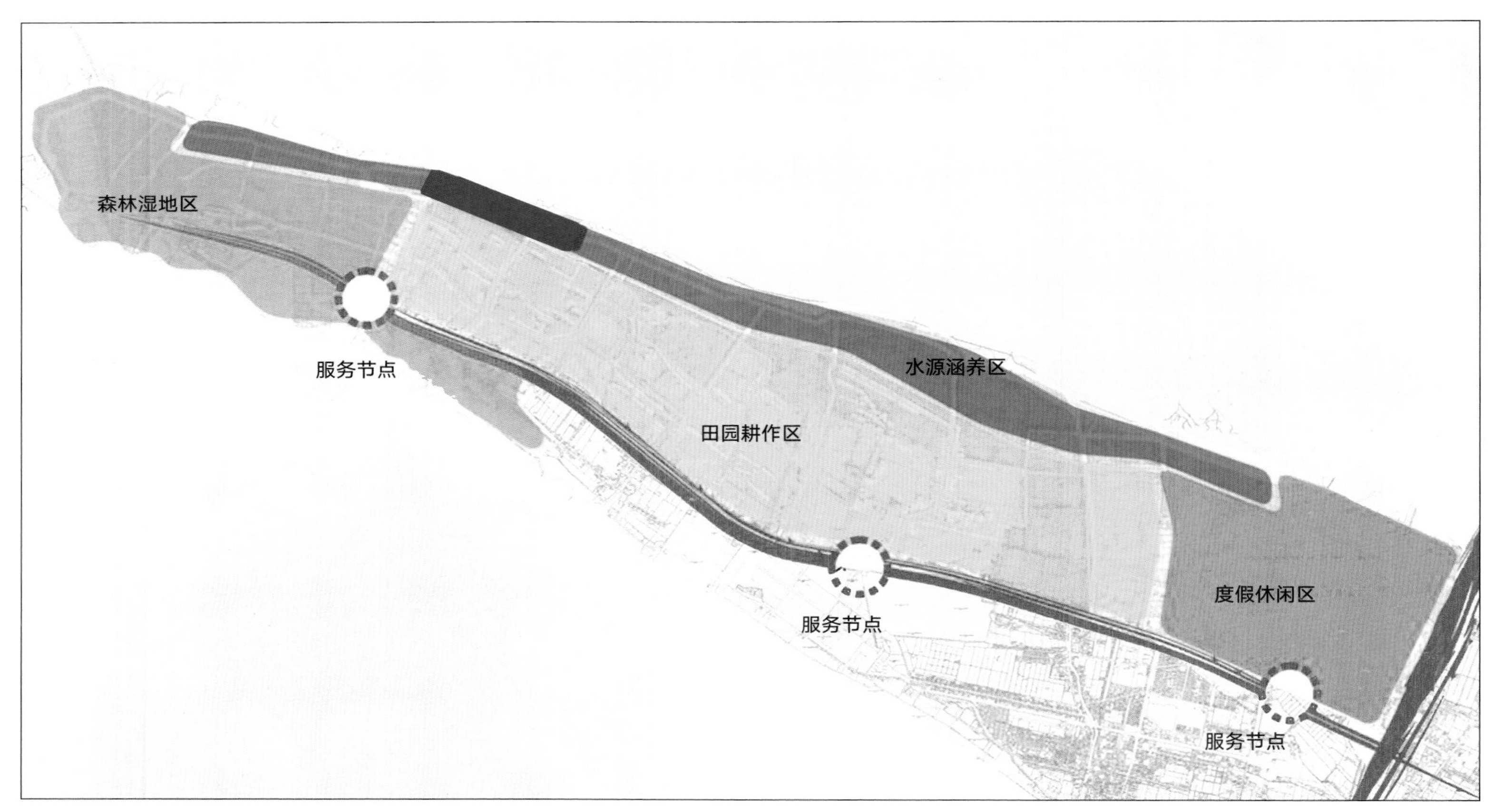

图 6-6 长兴郊野公园功能分区图

6.3 凸显特色，回归自然

6.3.1 创新结合传承，耕种新型田园

长兴郊野公园农业种植规划以水稻等粮食为主、蔬菜为辅；林业是长兴郊野公园农业发展的重要组成部分；花卉苗木和瓜果等种植在延续历史的基础上进行生态化、有机化改革。

经过 20 世纪七八十年代稳步发展，柑橘生产已经成为长兴岛的农业支柱产业。规划延续橘园 400 m × 200 m 的块状结构，整合现状零散农地，沿田埂设置防风林带，形成小型生态斑块，增加农田湿地，优化栖息地和生态系统，形成以生产性农田为主体，农林混合田为特色，景观农田为补充的现代农田体系。

1．延续肌理，发展立体农业

在现状具有独特橘田肌理的区域，创造农林互作式、立体式的现代新型农业模式，打造科技示范农业、景观特色农业、种养结合、轮作的新模式。在东部、中部和西部形成特色农林景观片区，构成一幅林中有田、田中有林、高低错落的画面。

2．丰富农业类型，打造特色农业

改变现状单一的农作物种植模式，丰富农业类型，将花田、菜田、粮田、果田等间隔种植，形成丰富的农作物种群和景观节奏。农田作为“一村一景”的一部分，各个片区通过改造形成不同景观特色的农田——实验农田、现代农田、缤纷阡陌、湿地农田、滨河农田、创意农田，并设计不同的农田体验活动，以增加村民的收入。

6.3.2 多种手法并举，营造水景风光

在尊重现状的基础上，保护自然环境及生态植被，构建生态廊道，创建安全生态格局，划分敏感区域，控制功能设施，并综合治理现状水系污染，控制污染源头，提升滨河景观效果。重视水文资源与地文资源、生物资源等其他类别的资源之间形成良好的组合关系，形成长兴郊野公园独有的特色和竞争力。

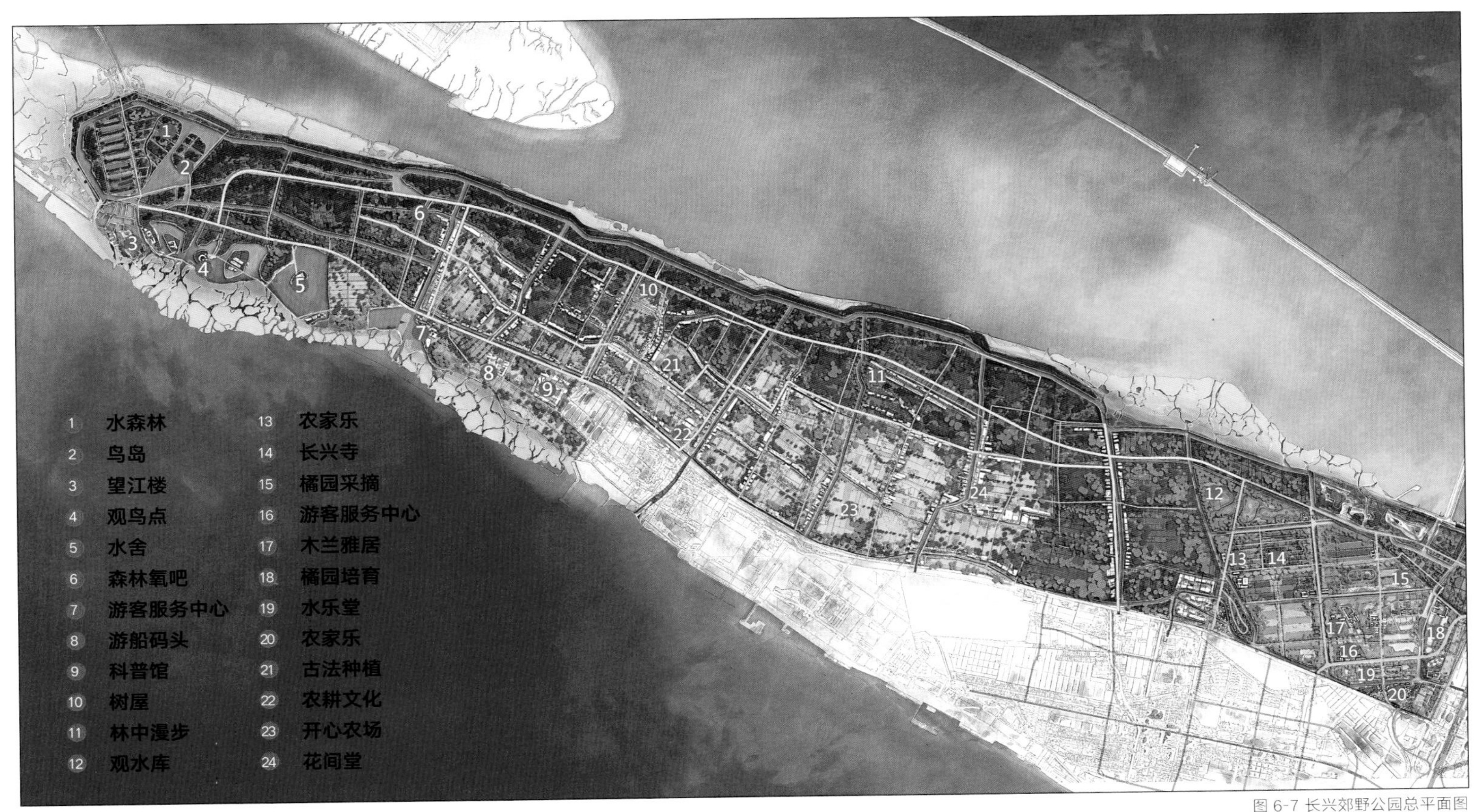

图 6-7 长兴郊野公园总平面图

在长兴郊野公园内打造“水成网”的水系特色。通过“静湖、清河、护湿、愉塘、岛链”的手法，将湖、河、塘、岛、滩的肌理引入，打造多元化的水景风光，营造丰富水系景观。塑造高低变化、山水相依、错落有致的新地形，使公园景观层次更加丰富，生态系统更加优化，并可以容纳滑草、游艇、垂钓等更多需要丰富地形作为基础的游憩活动。在合理利用、充分挖掘资源潜质的基础上，培育具有特色项目支撑的公园产品，形成长兴郊野公园独有的特色和竞争力。

1.“静湖”——汇水聚气、筑堤观景

通过扩展边界、连通、导流等方式，打破硬质的河塘边界，融合鱼塘、湿地、滩涂，汇水成湖，丰富水系景观，同时也提升生态涵养功能。

2.“清河”——千里河道，水脉织网

在公园内构建 8 km 的公园河道水系，并引青草沙水库之水冲刷园内河道，改善河道水质。通过恢复过水断面、水生植物过滤及生物过滤处理，达到改善区域性排水，实现水系自身的循环净化，保证对水库水质的零污染。

3.“护湿”——湿地保育，芦荡风情

上海共有 27 块面积 1 km^2 以上的湿地，其中之一即为长兴岛西滩，它是位于长江口的河口湿地，也是上海市的重要湿地。长兴郊野公园与上海最大的水库湿地——青草沙水库——相邻。规划通过保护现状条件较好的类湿地区域，分阶段构建和逐步恢复，形成真正的湿地景观。

4.“愉塘”——渔上人家，荷塘月色

针对公园内众多的鱼塘和堰塘，进行保护和利用，种植荷花等植物，设置以“荷”为主题的水上活动项目。可以在其周边开发一些私密性的休闲场所，如森林浴场、山林氧吧；也可以利用一些堰塘，改造成湿地景观，开发以湿地为主题的湿地博物馆和湿地演替科普园。

5.“岛链”——围湖成岛，岛链串珠

通过水系整治和特色设计，追溯长兴岛形成过程，围湖成岛，打造岛链景观。采用湿地植栽和石材构建自然草坡式的生态水岸，打造充满野趣的生态岛。

图 6-8 长兴郊野公园设计意向图

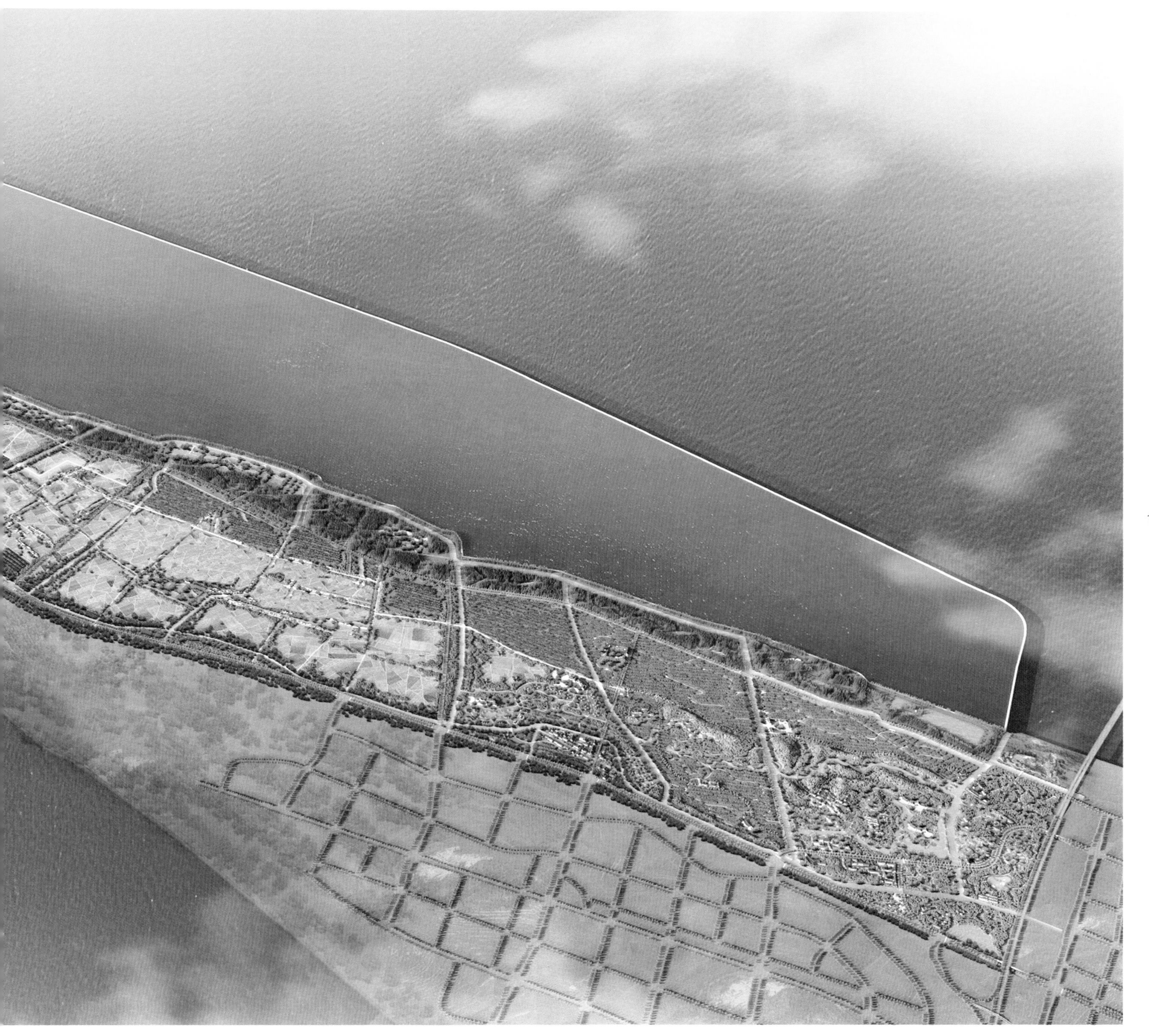

同时，长兴郊野公园强调主题分区，功能植入，注重打造特色“水主题”景区，分为“水上森林景区”、“水上村庄景区”、“水上农田景区”和“水之体验景区”四类。

其中，“水上森林景区”的景观特征是“秀、幽、密”，是结合现状水渠、河道在公园北部形成的特色网状水系，游客可划船进林区游览。“水上村庄景区”在梳理原有水系基础上进一步加密、贯通，形成水乡特有水网，设置垂钓、划船、水上观光等项目。“水上农田景区”为田园风光，以清新、朴实为特征，主要对现状水渠进行梳理，局部拓宽，在公园中部形成农田和水系交织的景观，设置桑园、果园、花圃、荷浦、归耕园等项目。“水之体验景区”以“幽、趣、闲”为主要特色，东部形成开阔湖面，周边山体环绕，同时在相邻区域设计各种形态的水景观供游人体验，设置垂钓、划船、观鸟等项目。

图 6-9 渔上人家设计意向

6.3.3 构建水陆交通，体现海岛特色

1. 游线组织，完善交通体系

长兴郊野公园处于江苏 2 小时经济圈内，规划考虑长三角一体化协同发展，构建多通道的对外交通联系网络。公园将被纳入上海市游轮、游艇规划，与宝山、崇明互动。规划设置水上游线，与轨道交通、地面公交密切衔接，对交通系统进行完善，增添游览的便捷度和趣味性，形成多平面、多网络的现代化交通体系。

陆路线路主要通过长江隧桥和潘圆公路向岛域东西两侧进行伸展，途经岛内的城镇、产业和生态等区域，串联渔港餐饮特色、度假居住、田园体验、长江观景的四大空间，展示不同的风貌特征，构成长兴岛的整体印象。东线主要安排长江大桥（隧道）—潘圆公路—凤凰新市镇镇区—圆沙社区—横沙岛；西线主要安排长江大桥（隧道）—潘圆公路—度假休闲—田园体验—杉林湿地—青草沙水库。园区接驳线体现绿色公交出行特点，电动车、电瓶车和自行车具备园区内部环路循环运行的特色，串联公园主要功能区和活动节点，满足区域内部游览观光出行需求。根据本郊野公园的规划布局，设置一条园区内专用旅游公交接驳线路，采用新型捷运系统，连接规划轨道交通 19 号线和凤潘线，沿大堤路设置站点。线路配置将根据旅游淡旺季进行调整。

水路线路主要依靠外围长江水路和岛内的主要水系进行连通，形成贯穿岛内外的水路游览线路，通过游艇、水上观光巴士等穿越岛内的主要核心区域，充分展示郊野、城镇、海岛特色风貌，形成水上旅游带。外部水路线路：乘船在长江上环岛景观游，游览南岸的城镇和现代化船舶景观、北岸的休闲生态景观；乘船在长兴岛与宝山炮台湾、横沙岛、崇明岛的游艇码头之间往返，借助水上旅游网络游览三岛一湾。内部水路线路：长江观景区—马家港—城镇生态绿核—镇东区—芦荡迷宫—长江第一滩。

2. 游径设计，塑造特色景观

考虑到郊野公园以体验自然野趣为出发点，以尊重现状江南水乡肌理为要旨，规划充分利用现有 3 ~ 4 m 的田间道路设置慢行交通。设置服务半径为 500 m 左右的公共自行车租赁系统。为保证步行通道的完整性，营造优美的步行空间环境，结合绿带水系设置步行道，满足游憩、休闲、健身需求。系统根据长兴郊野公园周边环境和景观资源，交通系统分为三个等级。

Ⅰ级游径，主要有潘圆公路、秋柑路。道路宽度控制在 24 ~ 35 m，中间设置绿化隔离带，同时设置非机动车专用道，道路两侧种植香樟、北美枫香、银杏等具有观赏性的植物。

Ⅱ级游径，主要有青草沙路、大堤路、凤凰公路、凤西路、潘石港路、小洪桥路和创建港路。结合郊野风貌特色，营造具有野趣的郊野景观道路，道路宽度控制在 12 ~ 20 m，道路两侧种植榉树、合欢、梧桐、香樟、北美枫香、银杏等具有观赏性的植物。

Ⅲ级游径，作为郊野公园的景观线路，景观型游径将被打造为“村之路”、“林之径”、“水之道”、“江之路”等特色景观道路。

6.3.4 丰富林地树种，形成呼吸廊道

规划保护与提升现有植被，营造特色植物景观，针对不同生境类型，提出植物选择与配置的思路，推荐具有代表性的适宜物种及其配置模式。

1. 原有植被的保留与近自然化提升

将人为活动区域与野生动物活动区域分开，提高植物群落结构的复杂性，增加空间异质性，并规划保留一些控制人流活动的区域，为野生动物提供安全、舒适的栖境。在植物配置上，尽量采取乔、灌、草、藤等各类植物的合理搭配，种植香樟、石楠等树种，“筑巢引凤”为鸟类提供丰富多样的繁殖、取食和栖息场所。

利用许多绿化植物吸附灰尘、抑制病菌、净化空气及挥发保健型气体的功能，开发“森林浴”或芳香植物专类保健园等项目。在保健型植物配置上，选择榧树、龙柏等植物，形成融保健、景观、文化于一体的植物群体，从视觉、听觉、嗅觉等方面促进保健功能的发挥。

利用不同种类植物花色、花期等方面的丰富性和差异性，将花卉植物在时间或空间上合置，形成全年或较长时间的观花期，使游客能在不同季节观赏到不同生长阶段、性状各异的花卉。突出野花群体的观赏效果，丰富郊野公园的自然野趣内涵。

2. 湿地生境营造

长兴郊野公园位于上海水源保护区内，发挥郊野公园改善水质的能力和作用，也应成为郊野公园保障上海水源安全和质量的重要方面。

结合场地特征，根据水生和湿生植物对生境多样性的需求，尽量保留驳岸自然弯曲的形态，突出陆地—湿地—水体植被过渡带的生境营造，增加生境异质性，创造曲折有致和自然多样的湿地微生境。

考虑到水面为主要视觉空间，应合理配置浮水植物，并给水面植物留出倒影空间。在面积较大的沼泽地，种植沼生的乔、灌、草多种植物，并设置汀步或铺设栈道，引游人进入沼泽园的深处，欣赏奇妙景观。在小型的水景园中，除了在岸边种植沼生植物外，也常构筑沼园和沼床，栽培沼生花卉，丰富水景园的植物景观。

3. 特色植物景观

营造林间花溪景观，丰富植物类型，形成乔、灌、草复层混交林带，结合道路，水系，农田等自然肌理构筑完善连续的“绿色呼吸廊道”，形成“水之林”、“田之林”、“路之林”的景观系统，围绕春夏秋冬四季，以植物本身或群体的色彩、造型，在保持景观特色的同时增加生态效力。

杉类植物是长兴岛郊野公园现有植被的最大特色，打造“杉树王国”，能够塑造大气、连续、繁茂、野趣的景观，同时实现景观的生态防护功能。

在驳岸和湿地处，宜种植成片的洋水仙等早春优良观花植物及紫花鸢尾等晚春观花植物，营造色彩鲜明的湿地花海景观。

6.3.5 结合产业转型，提升村落活力

根据基地现状提出拆迁、保留、改造、新建四大措施，形成统一的建筑风貌和合理的空间布局，进行功能置换，植入艺术家村等新功能，建立“一村一特色”的发展模式，形成旅、业、居的一体化生态网络。

1. 适当拆除宅基

宅基地拆除应遵循以下原则：①考虑水库安全，将北侧离水库较近的村庄进行拆除。②考虑交通便捷、服务半径配套等因素，将零散的居住点进行拆除。③考虑建筑质量，将质量较差的建筑进行拆除。④考虑实施性，拆除位于一期启动区内及其附近的村庄。

2. 提升环境品质

拆除原有村落密集的中心区域的部分建筑，将腾空的场地转变为水面、林地、田地、小型广场等，方便村民活动和聚会。对沿河流或道路布置的村庄，适当拆除一些建筑，加强农田、林地、水面的通透感。充分利用现有自然条件，突出自然、经济、乡土、多样化的原则，在宅前屋后、重要的景观节点进行美化绿化。引导农村居民住宅与村庄整体建筑风貌相协调，充分体现自然地理和历史人文特征。

3. 营造村落特色

结合整体布局，进行功能置换和产业导入，植入游客服务中心、艺术家村等新功能。鼓励农户个体、农村社区合作经济组织、农民专业合作经济组织等投资兴办各种形式的乡镇企业，提倡家庭农场，把农业和旅游相融合发展新型产业。同时，结合各村的资源和特色，进行“一村一品”的规划，各村充分挖掘利用自身优势资源，打造“渔之村”、“艺之村”、“果之村”等特色鲜明的村庄品牌。通过对村庄现状的林、水、田等要素的梳理，打造“林围村”、“水围村”等独特的空间意象。

4. 完善公共服务设施

规划完善村级公共服务设施，重点建设完善“三室两点”，即村委会办公室、医疗室、老年活动室和便民店、健身点。

公共服务设施宜集中布置在位置适中、内外联系方便、服务半径合理的地段。设施配置上应尽可能使用现有的设施，尽量少占或不占农田，充分利用现状建设用地进行腾挪置换，使用功能相容的设施应集中布置，复合使用。

图 6-10 长兴郊野公园湿地生境

6.3.6 策划丰富活动，打造特色游线

长兴郊野公园与众不同的特色，在于魅力、活力和动力。而提升其品质更重要的一环，是通过延续和提升文化内涵，给世代上海人保留一寸珍贵的净土，给广大市民提供一片亲密接触长江的自然空间，给游人一种独特的文化体验。

1. 主题设置，丰富体验

发挥地处入海口的区位特点，利用城市水源地的优势，保留果园采摘的农场文化，置入相关产业，体现农业与文化相结合，肌理与人文相结合，历史与现代相结合，让市民享受和大自然的互动，在这里体验温馨静谧，寻求最简单、最平淡而又最奢侈的快乐。

结合春夏秋冬四季变化，开展花卉观赏、水上游艇乡村演出等活动，打造世外桃源般的田园环境，从宜居到乐居，以绿色生态产业为核心，打造慢游、慢行、慢餐、慢聆的生活客厅。

在公园西端，依托丰富的鱼塘、湿地滩涂景观，局部扩大水面，形成岛链，每个小岛结合登高观长江、长江论坛等不同主题，形成一岛一特色。

在长兴郊野公园中部，保留景观风貌良好的村落，强化村依水、村临路、田围村、沿河沿路分布的江南水乡特征，在保持原有村庄肌理的基础上，对局部村庄进行功能置换，借鉴花间堂、裸心谷的成功典范，打造渔之村、艺之村、果之村等特色鲜明的村庄品牌，让市民体验慢生活。

在长兴郊野公园东部、西北端，局部扩大水面，清流汇湖，设置登高观水库、长江鱼类展示馆、水净化技术处理、观鸟站等项目。充分展示多元的海洋文化，满足游客对海洋文化的探究心理。结合杉树林，设置芳香疗养森林，达到康体养生的保健功效。结合露营基地，打造星空花园。

2. 游线设计，寓教于乐

根据各功能分区设置六条游线。

（1）充分利用基地内丰富的河道水系，以及马家港水上码头，设置水上游览、滨水商肆等以休闲游憩为主的“净水天堂”主题游线。具体游憩项目有：快艇、摇橹划船、垂钓乐园、湿地迷宫、水生植物展示、渔人码头、水森林景观等项目。

（2）结合公园北侧及西端密植的生态涵养林，设置林地骑行游路线，打造“林地探趣”主题项目。具体游憩项目有：橘园采摘、杉林漫步、栈道通幽、绿林迷踪、林地宿营、森林氧吧、丛林烧烤、森林探险、湿地观鸟等项目。

（3）结合基地中部广大田园耕作地区，以传统农业、民俗体验、农耕文化为主题，打造住农家屋、吃农家菜、种农家田的“慢生活”主题项目。具体游憩项目有农耕展示、DIY 农产品加工、橘园采摘、特色农庄、牧场游玩、开心农场、花间堂、农田摄影、田园风景游赏等项目。

（4）利用长兴岛当地的人文风情特色，根据总体规划制定文化风情畅游路线，打造以民俗文化和会展论坛为基础的“人文揽胜”主题项目。具体游憩项目有农垦文化纪念馆、橘文化展示、特色农产品展销、水净化技术展示、望江楼、书院、长江论坛、长江科普馆等项目。

（5）基地具有较为丰富的湿地生态资源，以及野生动植物资源，可以打造以生物环境科研及相应体验为基础的“自然科普”主题项目。结合一期中自然特色资源，设置柑橘加工示范、昆虫标本展示、围栏捕鱼展示等项目；利用中段农田耕作及相应的自然生物资源，设置植物科普展、古法种植表演等项目；利用西段湿地生态特点，开发江水生态净化实验区、野生动植物模型馆、环境监测科研站点等项目。

（6）根据公园方案制定健身休闲畅游路线，打造以强身健体为目标的“康体运动”主题项目，彰显郊野公园特色，为游客提供杉林氧吧。具体开发项目有：结合一期康体休闲主题，并利用规划大面积水域和规划中的各类休闲运动场地，开发运动场、中医养生等项目；结合中西段的运动康体设施及相应游步道设计，设置有氧慢跑、汽车营地、郊野徒步等项目。

图 6-11 长兴郊野公园滨水体验空间

CHAPTER SEVEN

原风景
——嘉北郊野公园

Jiabei Country Park

CHAPTER SUMMARY

章节概要

7.1 新城一隅古江南

便捷交通
广袤农田
蜿蜒水系
纵横阡陌
依水林田
水映村落
教化人文

7.2 城墙下的原风景

南田北林的原风景
两横一纵的开放空间
融合的十大功能分区

7.3 稻香莲韵归田园

打造圩田体系，复兴乡村产业
改善水质环境，营造特色景观
打造生态游径，丰富游览体验
构建复合林网，营造多样生境
留住历史记忆，回归田园生活

芦苇深花里，
白墙青瓦新。
翠竹疏影斜，
桥边稻田香。

7.1 新城一隅古江南

嘉北郊野公园地处长江下游冲积平原，地势平坦，公园内河网发达，具有江南水乡特色。公园由沈海高速、嘉安公路、嘉松北路和规划密林路围合而成，总面积约 14.00 km^2，涉及外冈镇、菊园街道和嘉定工业区 3 个镇和街道，主要包括大陆村、白墙村、徐秦村等 11 个村。嘉北郊野公园具有得天独厚的农田、水网、林园等自然资源，现状呈现出“水、田、村相依相存”的江南水乡典型空间格局。其中，农业生产用地约占总用地六成，建设用地占三成，其他为未利用地。

7.1.1 便捷交通

嘉北郊野公园紧邻嘉定新城，紧邻沈海高速公路（G15）、上海绕城高速公路（G1501），距轨道交通 11 号线嘉定西站约 2 km，距城市外环线 15 km，距市中心人民广场约 30 km，交通便捷。

嘉定区为整个上海市的西北门户。嘉北郊野公园毗邻太仓和昆山，服务辐射范围具有面向嘉、昆、太城市连绵地区，乃至长三角地区的区位条件。嘉定新城主城区及周边外冈镇、嘉定工业区规划可居住人口超过 100 万，嘉北郊野公园东侧在建的城北大型居住社区，规划人口约 11 万，均为嘉北郊野公园可预期的直接服务人口。

嘉北郊野公园是新城绕城森林的重要节点之一。新城绕城森林拥有盐铁塘、祁迁河、马陆葡萄园、规划蕰藻浜沿线林地等生态旅游资源，是整个嘉定区最重要的生态区域。规划嘉北郊野公园是完善新城生态、文化、体育等城市功能的需要，也是实现新城功能板块联动发展，提升新城品质和能级的需要，对于整个嘉定区新城规划建设具有极其重要的作用。

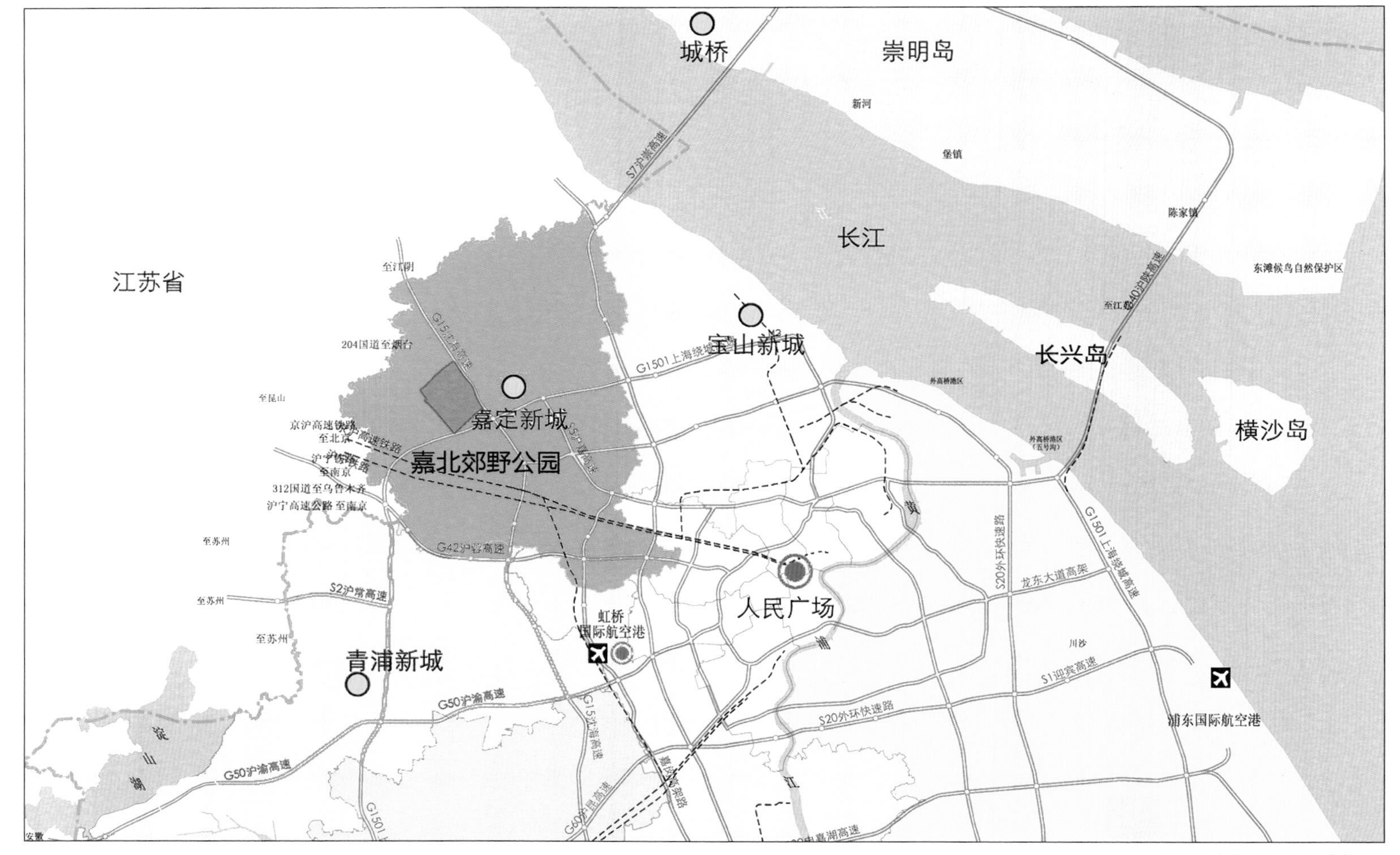

图 7-1 嘉北郊野公园区域位置图

7.1.2 广袤农田

嘉北郊野公园基地内现状农田资源总量丰富，在特定季节，可以看见由成片翻滚的稻浪和藕塘嬉戏的白鹭所构成的独特农田自然景观。然而，现状农田空间分布较不均衡，主要分布在基地东北部和西南部，缺乏系统性和连续性。

基地内现状种植的主要作物有水稻、小麦、油菜等，以夏秋两熟制为主。同时有一些特色经济作物，如莲藕、茭白、马蹄等，还有棉花、薄荷等传统特色农作物，但数量较少、分布较散。

基地内现状农田自然质量、土地利用和社会经济效益等总体较好。有三片高标准农田，分别位于盐铁塘与鸡鸣塘交汇处东北角，练祁河以南、外冈镇青冈村西北角，以及沪宜公路以北、外冈镇青冈村东北角。农田集中连片，配套设施较为完善，生态环境良好。

此外，基地南部六里村内有大片藕塘，塘水清澈，鹭影翩跹，鱼翔浅底，雨打枯荷，景色优美，较好地保留了江南水乡农田的郊野原味。

7.1.3 蜿蜒水系

嘉北郊野公园现状水域面积约 17 km^2，占基地面积的 12%，包括河湖水面、养殖水面、坑塘水面和滩涂苇地，各种水面大大小小、纵横交错、彼此联系，体现出典型的江南水乡肌理特征 。

基地内河道共计 39 条。其中，练祁河、盐铁塘为主干河道，鸡鸣塘、祁迁河、漳浦为次干河道，其他河道均为支河。基地内有多条航道，祁迁河、盐铁塘为六级航道，练祁河、漳浦为七级航道。但河道水质基本属 V 类，农村地区为污水收集空白区，污水直接排入河道，地区河道水质污染非常严重。

图 7-2 嘉北郊野公园现状水系

7.1.4 纵横阡陌

嘉北郊野公园对外水陆交通发达，可达性强；内部村落道路系统完善，可利用性高。陆路主要包括基地东面沈海高速公路，南面嘉安路，西面嘉松北路，北面规划中的密林路，中部沪宜公路。距基地 2 km 有公共交通枢纽嘉定西站。水路包括基地内祁迁河、盐铁塘、练祁河与漳浦河，这 4 条既有航道目前以货运为主。

值得一提的是，基地水网密布，村庄附近有大量历史遗留的石板桥和水泥桥，具有良好的风貌，体现了嘉北郊野公园范围内历史人文特征，展现了村民的生活氛围，具有一定的保留价值。

7.1.5 依水林田

基地内现状林地资源主要沿河分布，其中成片的林地主要沿练祁河和祁迁河布局。南面有较大规模的防护苗圃，北面以葡萄林、樱桃林为主。围绕村庄周边的四旁林地极为丰富，总数超过一万棵，分布于各个村庄内。

7.1.6 水映村落

嘉北郊野公园基地内现有多处景观风貌良好的村落，具有江南水乡的空间格局和宅前屋后丰富的自然资源，形成以农耕水田为基质，道路、河流和灌溉渠道为廊道，居住点和水塘为斑块的镶嵌结构。聚落沿着分散的小水塘呈核心式团状散布，充分体现“人家尽枕河，往来皆舟楫”的江南水乡特点。

基地内现状宅基地均匀分布于 8 个行政村，共涉及 70 个自然村，占总用地的 12%。现状房屋基本建造于 20 世纪 80—90 年代初，总建筑面积约 73 万 m^2，空间格局较好，但建筑质量普遍较差，居民居住环境不佳。由于许多青壮年农民纷纷外出打工或已经在城市安家，农村空巢现象相当普遍。

7.1.7 教化人文

嘉定建县于南宋嘉定十年，距今已有 780 多年的历史，是名副其实的江南历史文化名城。这里民风淳朴，文风鼎盛，风光秀丽，人杰地灵，素有“教化嘉定”的美称。明清时代的大学士钱大昕、原国务院副总理钱其琛出生在这里。镇域内有吴兴寺、药师殿、望仙桥、马鞍山、清竹园、钱家宗祠等多处古迹。

7.2 城墙下的原风景

练祁河是嘉定的母亲河，从西向东流过郊野公园，流过嘉定古城，流过古代海岸遗迹古冈身带，那里埋藏着七千年的成陆史。嘉北郊野公园既

图 7-3 嘉北郊野公园现状路桥

是一场七千年与七百年的对话，也是郊野田园与城市的对话。流水不语已千年，溯古望今，都市人希望在此找回失落的原风景，寻求心灵的原乡。基于以上分析，提出“嘉北原公园——城墙下的原风景，希望的田野”的规划理念。

嘉北郊野公园规划保持基地原生态的田园野趣和江南水乡风貌，让上海及周边地区市民休闲时间到公园来回归朴和自然，体会悠然自得的农耕式生活方式，让人们感受到“我从城中来，犹在画中行”的意境。嘉定区区域总体规划实施方案中已确定该基地为区域“城市绿肺”。规划以此为基础，依托主城区外围的绕城森林在整个绿地系统的重要地位，将嘉北郊野公园全力打造成“嘉定形象的名片、江南风情的窗口、科普教育的课堂、乡村旅游的亮点”。

规划结合现状自然肌理和文化要素，导入体育运动、康体养生、休闲游憩、文化科普等功能，形成“三轴、两片”的布局结构。

7.2.1 南田北林的原风景

规划围绕“原风景”的主题，以现状生态基底为基础，通过梳理、组织和提升，形成“南田北林、水脉相连”的景观格局。

基地南区以“田”景观为主要特色，重点打造田园农庄、设施农田、生态湿地、地质风貌、艺术文化等五类景观，为游客提供休闲游憩、康体养生和文化养性的景观载体。

基地北区以“林”景观为主要特色，重点打造密林、花岛、运河、果林、郊野生物等五类景观，为游客提供休闲游憩、体育运动和科普研习的景观载体。

7.2.2 两横一纵的开放空间

规划依托三条骨干河道，打造两横一纵的公共活动轴。

1. 祁迁河——活力之轴

北侧祁迁河现状绵延数十公里，是基地林地资源最为丰富、环境最为生态的地区。规划在生态保育的前提下，围绕祁迁河，利用现状水网，打造两个水环。其中内环为 36 岛花田，引入划龙舟等水上活动项目；外环为密林，引入徒步探险等体育运动项目。

2. 盐铁塘——文化之轴

盐铁塘是汉代吴王刘濞为运送盐铁而沿古冈身线所修的古运河，两岸汇集古寺、古村、古树、古闸口、杉林，是基地历史感最为浓郁的地区。规划以盐铁塘为主线，以现状吴兴寺、钱大昕墓、古银杏等元素为基础，恢复东冈身带、徐秦古村、荷花池等古迹，并引入冈身博物馆、文化街、养生社区等功能项目。

图 7-4 犹在画中行

3. 练祁河——变迁之轴

练祁河是嘉定的母亲河，吴兴古寺静立源头，嘉定古城盘踞中部，是串联嘉定古迹今景的时光走廊。基地所在的河段西连 6 000 多年前的冈身带、东连 700 多年历史的嘉定古城和正在蓬勃发展的嘉定新城。规划以吴兴寺为起点，沿着练祁河生态走廊，依次设置冈身恢复带、冈身台、文创街区、公园入口、水门，让游客自西向东体验从古到今的历史变迁。

7.2.3 融合的十大功能分区

嘉北郊野公园是以恢复、保护自然生态系统、合理利用生态资源、培育相应文化特质为目的，可供开展生态保护、恢复、宣传、教育、科研、监测、旅游等活动，集城市绿肺、生态农业、健体养生、休闲旅游于一体的郊野公园。

规划在“三轴两片”的整体结构基础上，对 14 km^2 用地进一步细分功能，形成北片的农田体验区、湿地服务区、竹境养生区、冈身文化区、百果采摘区、清竹墓园区，以及南片的森林保育区、科普游览区、林荫漫步区，共十大功能分区，并赋予每个分区景观特质、活动内容和设施项目。

农田体验区位于基地中部，沪宜公路以南的区域，规划保留现状生态肌理，打造核心景观农田、水街和主题农庄，让都市人在田园漫步、圩田泛舟的过程中体验农业种植、耕作、收获、加工、品尝的过程。

冈身文化区位于基地西部，沪宜公路以南的区域。规划以冈身文化为主线，沿着古冈身道、盐铁古运河，恢复古迹、古村、古寺，设置博物馆、民间艺术村、文化街区等功能项目，可开展上海成陆史演示、民间艺术欣赏与体验等活动。

竹境养生区位于基地西南部，嘉安公路以北的区域。规划以田间林地、小桥流水为背景，创造宜人的修养空间，布局修养中心、养身会所、养生社区等功能项目。

湿地服务区位于基地东南侧，沪宜公路以南、沈海高速公路以西，为游客出入公园的主要区域。规划以现状水网、农田为基础，打造疏林湿地农田，导入服务中心、酒店、农舍等功能项目。

图 7-5 体验生态农田

图 7-6 嘉北郊野公园总平面图

生态创意区位于基地中部，沪宜公路以北。规划重点将粮仓改造为时尚创意仓库，将周边村庄改造为生态创意农场，导入时尚创意、演出展览等功能项目。

百果采摘区位于基地东侧，规划依托现状果树资源，通过品种优化和设施提升打造百果采摘园，为游客提供蔬果体验种植、采摘、品尝及农业科普教育的场所。

森林保育区位于基地西侧，规划依托现状滨水林地以及百树园、垂钓中心等园地资源，通过整合优化打造郊野风情浓郁的森林保育区，并适当导入休闲、体育、办公等功能。

科普游览区位于基地北侧，规划通过恢复原生态系统，营造多样化生境，培育江南特色动植物，打造郊野科普游览区，设置园艺参观体验、郊野生物认知、花卉认知、湿地生物认知等科普活动。

林荫漫步区位于基地东北侧，规划结合现有林地、水系、村庄等资源进行整治，增加疏林、草地等活动空间，布局野餐露营、家庭游览、运动健身等功能。

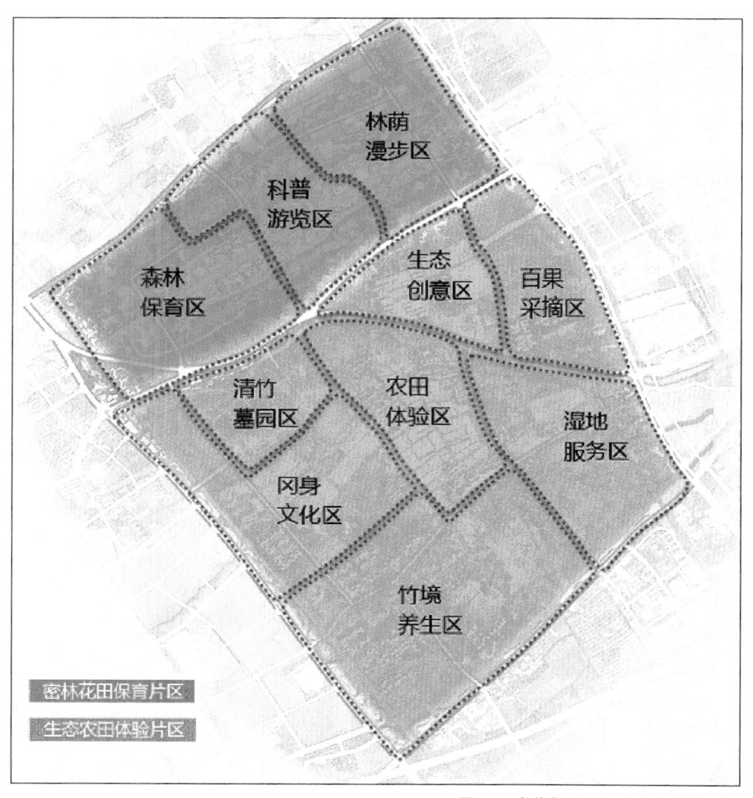

图 7-8 嘉北郊野公园十大功能分区图

图 7-9 漫步林荫田间

7.3 稻香莲韵归田园

嘉北原公园的理念通过四个方面予以实现，分别是原生态、原文化、原生活和原动力。通过修复原生态基底，传承原文化底蕴，复兴原生活活力，提升原动力能级，塑造原乡的嘉北郊野公园。

7.3.1 打造圩田体系，复兴乡村产业

嘉北郊野公园规划将现状分散的农田连接成片，形成系统化的田地体系。构建四季分明、主题突出的田园景观。推动传统农业向旅游农业转型，采用规模化、多元化生产，实现农业产能升级。

规划依托三块现状高标准农田，将基地南侧的农田连接成片，中央为集中处理的核心景观田，外围为规模化经营的设施农田；基地北侧围绕祁迁河，由内到外规划花田、生态涵养林和整合型林地农业；同时，结合保留村庄，在基地南北两侧设置若干生态农场。

规划以田园观光、田园体验、田园度假和体育休闲为主要旅游观光项目。首先，以尊重现状和提升风貌为前提，依托嘉北郊野公园内的农田、藕塘、芦苇和村落资源，形成万顷良田、千亩荷塘、百里芦荡和林盘村落景观，游客可以漫游步道，乘坐舟船，体验原真乡野生活。其次，提升现有百果园和大陆村农家乐的品质，扩大范围，丰富内涵，为都市人群提供深入体验田园生活的旅游休闲项目。第三，依托广袤的乡野风光，建设一系列乡村酒店，为都市人群提供“久在樊笼里，复得返自然”的度假体验。最后，结合嘉定区传统体育项目和全民健身的需求，设置趣味体育项目、健身体育项目和赛事体育项目。

7.3.2 改善水质环境，营造特色景观

规划利用现状水资源，科学优化水环境，达到水域的生态恢复、洪泛控制、水质自净、生物繁衍和人类休闲娱乐的综合目的。整体设计上，保持并优化江南水乡水景特色，通过优化水网格局、治理并控制水污染，增加水体自净能力等措施，在优化水体环境的同时，也能丰富公园的水路游赏体验。

策略一：梳理、连通和整治现状水系，丰富水域景观，同时改善静止水体形成的水质污染，打造网络化、多样化、生态化的水体空间。基本保持并优化现有水系的网络状格局，形成“整体河网纵横，又有当地典型‘浜’和‘塘’”的水系形态特色。

图 7-10 嘉北郊野公园规划策略梳理

策略二：建设生态水系网络，结合开放水系和独立闭合水系，系统地对整个基地水质进行有效提升。规划以“集污纳管、控制上游来水水质；整体清淤、清除水体垃圾，改善水环境；生态净化为主、人工净化补充优化”的总体原则，针对不同分区提出水质净化措施。

策略三：采用不同的护坡技术处理基地内驳岸，促进水体净化，营造特色景观风貌。一般选用自然式的驳岸设计，减少对自然环境的影响；需要采用硬质驳岸的河岸，也尽可能的运用生态手法进行处理。由于季节降雨量和年降雨量不均，因此驳岸设计要考虑到丰水期雨水储存和枯水期水景单调的问题。

策略四：让水成为嘉北郊野公园的脊柱，沿岸配套各种商业、休闲和教育活动，形成片状的亲水空间；同时结合水上游览交通，形成连贯生动的水上和水岸水景路线。

7.3.3 打造生态游径，丰富游览体验

游径设计应遵循上位规划的用地划分，联系城市交通路线布局，满足郊野公园游憩、休闲体验、科普教育等功能需求，因地制宜，结合地形设计、场地文脉设计，符合生态优先、以人为本、提高观赏性功能等规划原则。

嘉北郊野公园的游径主要包括亲水生态游径、田园体验游径、林荫休闲游径、冈身文化游径、艺术创意游径、科普研习游径六大类。

亲水生态游径围绕主要河流，沿途穿过主要的湿地、林地和点缀其中的田园风光，沿岸生态多样性丰富，可开展芦荡放舟、水边垂钓、莲塘采藕等活动。线路途经湿地边缘的村庄和综合服务设施，旅游资源丰富。

田园体验游径主要位于沪宜公路以南地区，以田园活动为主题，结合现状丰富的农田资源策划收种体验、古村追忆、稻田餐厅、农田游赏、稻草人主题酒店、藕塘白鹭等主要活动区域及景点。

林荫休闲游径位于规划和现状的主要林地内，其中包括现状的涵养森林，尤其是祁迁河两岸的主要林地，也包括炼祁河两岸规划中的竹林幽径。该类游径的规划设计还涉及白果园、水杉村道和林荫草地。

冈身文化游径充分挖掘嘉定外冈地区的冈身文化特色，结合古冈身带的位置进行文化游线的设计，充分结合吴兴寺、钱大昕墓、徐秦村等具有历史特色的地区进行策划。

艺术创意游径主要位于基地东北侧，结合现状村落及粮仓规划艺术仓库、园艺会所、生态创意田，充分发扬地区的民间艺术。

图 7-11 亲水生态游径设计意向

科普研习游径主要位于北侧祁迁河两侧，随着地区的生态涵养林及地区生态的恢复，将形成具有原生态特色的林地。结合地区特色策划野外拓展、周末农夫、丛林探险、栽培实践、菜园教学等活动，让游客充分接近大自然。

7.3.4 构建复合林网，营造多样生境

规划按照“保留为主，少量移除，适当增加，构建林网”的布局原则，对现状林地资源进行连接和重新整合，组成点、线、面复合的林地空间网络。整合而成的公园林地结构应承接嘉定绕城森林的结构。

策略一：保留、整治原有林木，新增、完善林地体系，形成类型多样的生态林区。规划根据功能，将林园地分为涵养林、果林、休憩型林地和防护林，整体形态上具有层次丰富、四季分明的特点。

策略二：在改善林木生态空间的同时，与旅游活动结合，增加富有活力的林中休闲场地，形成人与环境和谐共处的氛围。规划在林地之中引入园艺参观体验、郊野生物认知、花卉认知、湿地生物认知等科普活动，蔬果采摘、水果品尝等休闲农业活动，自行车、慢跑等体育健身活动。

策略三：营造多样的生境，满足物种生存需求。通过完善植被构成，为动物生存提供基本保障。构建防护林，降低噪音与空气污染。联系破碎的林地斑块形成大斑块，增强林地生境的稳定性。通过引入食源和蜜源性植物，为动物提供食物保障。从观赏效果和趣味性的层面考虑，将萤火虫、青蛙、白鹭、蝴蝶四种动物作为郊野公园的主题动物。在特定培育区内，营造适合其生活的郊野环境。保护并扩大现有的栖息地，保护其生存及繁衍。

7.3.5 留住历史记忆，回归田园生活

基地村落呈现“前后良田、宅旁菜园、水系穿村、小桥流水、林木掩映”的典型水乡村落格局。规划保留部分空间格局较好、特色突出的村落，对周边环境进行治理，对功能进行提升，并对建筑在保留原真性的前提下进行更新，重塑昔日美好恬静的原生活。

策略一：通过建筑梳理、环境重塑、生态廊道打造等方式，对保留村庄进行整治与更新，恢复格局宜人、环境优美的村落空间。

策略二：按照公园功能需求，引入配套服务、商业、文化、观景等设施，赋予保留村庄新的活动内容，形成景观和人文相融合的特色主题农庄。

特色农庄的建筑应古色古香，与周围环境完美结合，并使原有的村落肌理得到保留。作为线路中的重要节点，特色农庄在设计上以保留和深化其村庄、田野、河道和林地的景观结构为宗旨。在对农庄进行改造时，可增加富有当地特色的商铺和手工作坊，或者将其重建为旅馆、餐饮、展馆、游客中心等服务设施。

图 7-12 青冈村水街节点规划设计

图 7-13 嘉北郊野公园生态景观

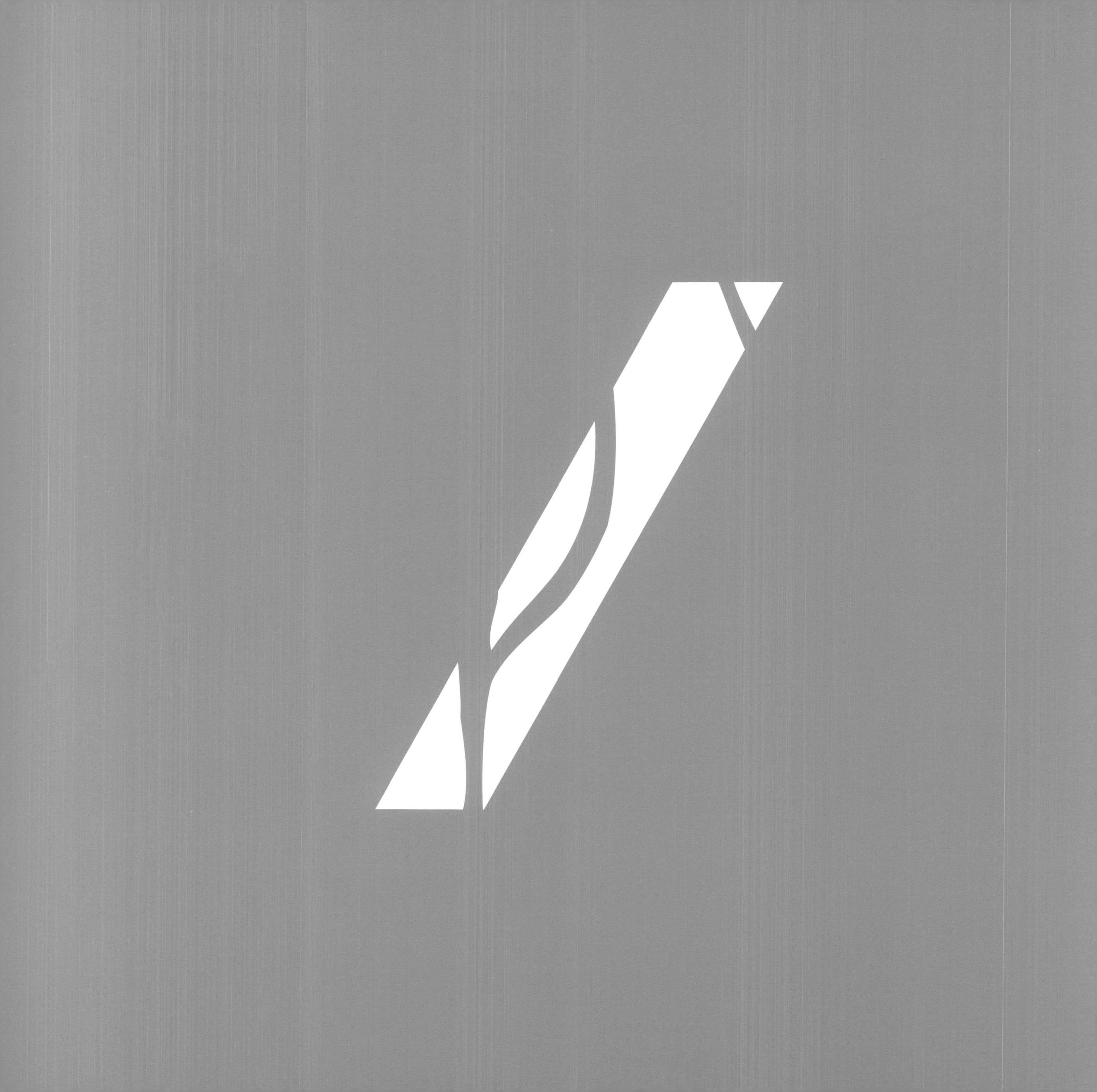

CHAPTER EIGHT

上海郊野公园的实施机制与政策保障

Implementementary Mechanism and Policy Guarantee

CHAPTER SUMMARY

章节概要

上海市郊野公园的规划不仅仅是一个生态景观专项规划或土地整治项目规划，而是整合运用城乡规划和土地规划双重手段，编制总体布局规划、土地整治规划、生态景观规划、村庄建设、土地整治项目实施等一系列规划和研究的总和，是从规划到土地实施衔接管理的一次机制创新。上海市郊野公园重在实施，在规划编制阶段就要求将实施机制和保障政策纳入规划成果，通过建立职责明确的组织领导架构，制定标准清晰的技术规范及行之有效的配套政策，确保郊野公园规划的可操作性。

8.1 规划实施的主体

郊野公园的规划建设作为上海市推进生态文明建设和新型城镇化发展的重要举措，决定了其具有政府主导、公益开放、效益综合的特点，这也就明确了地方政府是郊野公园规划编制和实施的主体，并搭建了“以区为主、市区联动”的工作组织形式。

市级层面的组织有郊野公园规划工作领导小组和郊野公园建设联席会议。在郊野公园规划工作领导小组中，市规划和国土资源管理局、市发展和改革委员会、市绿化和市容管理局等多部门联动，统筹协调推进郊野公园的规划建设实施，具体负责规划编制技术指导、配套政策的研究制定，以及对郊野公园后续管理和资金使用进行监管等。郊野公园建设联席会议由相关市委办局参加，研究审议郊野公园规划、实施方案、年度推进计划、考核验收、非管控林地调整等重点事项，并对重大事项进行协调。

郊野公园所在区县（管委会）是郊野公园推进工作和资金保障的责任主体，形成了“领导小组—工作指挥部—全资国有公司”的工作组织框架。区政府（管委会）对本辖区内郊野公园的规划编制、建设、实施、后续管理运营和维护负总责，负责建立有效保障当地农民和农村集体经济组织利益的长效造血机制。区属全资国有公司具体承担郊野公园的实施运作，协调区级各专业部门，整合资源，配套资金，有序推进郊野公园建设，并接受市级相关部门对建设进度、资金使用等方面的指导和监督。

8.2 规划实施的支撑

从郊野公园概念方案到规划设计，再到建设实施及后续的运营管理，技术统筹为郊野公园的落地实施提供有力支撑。上海市通过技术创新和标准制定，将“高起点规划、高水平设计、高质量建设和高标准管理”的要求层层落实。

8.2.1 高起点规划——从无到有，创新突破

创新融入城乡规划体系。上海市实施城市总体规划和土地利用总体规划“两规合一”以来，集中建设区内的规划土地管理程序、口径都已清晰，但在集建区外，各项政策资源尚需统筹，规划土地管理亟待完善，以强化规划对郊野农村地区的统筹、引领作用。为此，上海市研究完善集建区外郊野地区的规划土地管理体系，构建了集建区外“市级土地整治规划—区县土地整治规划—郊野单元规划—土地整治项目规划设计”四级土地整治规划体系，明确了以郊野公园为代表的郊野单元规划的层级地位和作用，融入了已有的城乡规划体系，实现了规划编制和审批管理与已有城乡体系的衔接，完善了上海市的城乡规划体系。同时，将郊野公园纳入已有的城乡规划编制和审批管理体系中，保障了郊野公园规划编制和审批程序的规范性，有利于郊野公园规划的落地实施。

广泛吸取成功实践经验。上海市郊野公园规划进行了国际案例的专项研究，开阔郊野公园规划视野，对在郊野公园规划建设方面卓有成效的伦敦、巴黎、东京、香港、北京、深圳、南京等国内外大都市进行研究分析和实地调研，吸取借鉴其他城市在郊野公园规划设计、建设实施和后续运营管理等各方面的成功经验。同时，考虑到上海市郊野公园的特色及差异性，在借鉴成功经验的基础上，进行创新性研究，制定出符合上海郊野公园自身特点的规划原则和相关设计标准。

扎实开展现状摸底调研。郊野公园规划不同于城市建设，其规划的可实施性在很大程度上取决于现状调研是否充分、深入，取决于对现状情况的认知及特色要素的挖掘程度，郊野公园规划的现状调研更加注重田野调查和社会调查。为了对郊野公园现状调研内容和深度形成统一标准，在调研前制订《上海市郊野公园规划现状调研工作手册》，并在调研中逐步进行修改完善。上海市规划和国土资源管理局组织上海市城市规划设计研究院等单位组成 5 个郊野公园基地工作组入驻各郊野公园基地，建立基地工作室，以村庄为单位，采取田野调查、访问座谈、现场办公等方式，分片分组开展工作。基地组摸清现状，全面掌握“田、水、路、林、村，风、土、历、人、文”的基础情况，了解当地政府和农民的实际需求，形成一系列现状调研成果，为郊野公园的规划设计和后续实施打下坚实基础。

8.2.2 高质量建设——标准先行，严格落实

为了保障郊野公园的高质量建设，在制定规划设计和建设标准时均采取了“点面结合”方式。在“面”上由多部门联合，在已有相关标准规范的基础上进行创新研究，制定适合郊野公园特点的建设标准，明确“底线要求”，并在建设实施中，根据每个郊野公园的实际情况和现实问题，不断修正完善。在“点”上针对每个郊野公园自身的资源禀赋条件，差异化定位，通过对外引智、专家论证和公众参与等渠道，进行规划设计创新，彰显特色，在建设标准上重点体现差异性。

8.3 规划实施的保障

上海市规划建设的郊野公园既不是“城市公园”，也不同于国外的郊野公园，其实质包含了两个方面。一方面通过区域性的土地综合整治，巩固和完善较好的自然条件和生态资源，继承和发展当地人文脉络和历史风

貌，根据各自目标定位和自身特色适当配设公共服务设施，提升生态动能，满足市民都市游憩需求；另一方面，在建设用地减量化的前提下少量配置与生产生态功能相融的开发建设，形成“造血机制”，实现城乡空间布局优化，改善郊区面貌，增加农民收入，从而整体提升所在地区的经济、社会和生态发展水平，而上海郊野公园规划建设配套政策的设计必须是为完成以上目标服务的。因此，设计重点聚焦在如何筹措郊野公园建设资金，如何解决公园内配套基础设施和服务设施所需的新增规划空间和建设指标，如何建立长效的造血机制，改善郊野公园所在地区的生产、生活和生态条件等核心问题上。然后通过市区联动，整合土地、产业、财税等多部门的政策资源，投入郊野公园的建设中，确保郊野公园能推得动、管得好。

8.3.1 土地整治——筹措郊野公园启动资金

土地整治既是上海市郊野公园规划建设的主要内容之一，也是整合相关部门政策资源，筹措启动资金，推进郊野公园实施的综合平台。5 个试点郊野公园均被列入上海市级土地整治项目库，以区（县）政府作为郊野公园市级土地综合整治项目立项的申请和实施主体，开展可行性研究报告和规划设计预算方案的编制工作。根据立项批复，由市级相关部门向区（县）政府拨付土地综合整治资金，启动郊野公园建设。区（县）政府作为郊野公园的实施主体，按照市级部门关于市级土地整治项目和资金管理的规定和要求，规范使用资金，有序推进公园的建设实施。

8.3.2 增减挂钩——满足功能复合建设需求

郊野公园规划通过对建设用地的整治，充分利用城乡建设用地增减挂钩政策，即通过减量公园内现状零星农村建设用地、低效工业用地等，获得新增开发带动地块和建设空间，用来配套建设农田水利等生产设施，建设道路、电力等市政设施，建设少量公益性文体设施、体验性农业观光设施、休闲性生态公共设施，以满足公园的安全需要和基本配套服务功能。通过增减挂钩获得的新增建设用地指标和规划空间，保障公园内休闲、健身、科教、餐饮等功能项目的落地，实现观光、休闲、游憩的复合功能。

8.3.3 造血机制——利益反哺促进长效发展

利益反哺的造血机制为郊野公园实施不断向前推进提供了持续动力。郊野公园规划中通过增减挂钩奖励的建设空间，可用于与郊野公园功能相匹配的项目落地，也可将减量化产生的建设用地指标腾挪至公园外，在增加公园通透性的同时，使土地产生最大的经济效益，反哺公园建设和后续的管理维护。另外，土地供应方式上，在郊野公园建设用地减量化挂钩的建新土地出让中，可以不改变集体建设用地性质，继续供集体经济组织使用，也可以经征收后转为国有土地。减量化挂钩建新区内国有建设用地处置方式，由区县政府统筹协调。在减量化挂钩建新区内的国有建设用地使用权出让中，通过带规划设计方案、带功能使用要求、带基础设施条件等方式，优先供应给实施建设用地减量化的集体经济组织或该集体经济组织授权的区属国有公司，形成“造血机制”保障长远收益。

8.4 后续思考

上海市郊野公园规划建设尚处于规划探索试点阶段，在实施过程中仍存在许多问题，需要在支持政策上进一步突破创新，在后续管理运营模式上提前研究谋划，以保障郊野公园规划实施的可持续性和长久生命力。

8.4.1 政策设想

进一步加大规土政策支持力度。首先，对于郊野公园内符合规划的农村集体经营性建设用地，可纳入增减挂钩建新地块，按照相关规定进行集体建设用地流转，发展与郊野公园游憩配套或农业生产直接相关的餐饮、农家乐、农产品贸易等服务业。其次，商业、商品住宅、服务业等经营性项目在办理农用地转用审批时，区县政府必须优先有偿使用郊野公园内集中建设区外建设用地减量化整理复垦形成的耕地占补平衡指标。第三，按照城市反哺农村和新型城镇化的总体要求，应积极支持和引导中心城、新城的规划物业和土地收益反哺实施减量化的郊野公园地区，实现低质资产盘活置换为高质资产，低效物业盘活置换为高效物业。最后，郊野公园规划增减挂钩节余用地指标可以在区县范围内统筹使用。

进一步加大产业政策支持力度。首先，市级年度产业结构调整名单和资金可向郊野公园规划明确的低效工业用地和宅基地减量化区域集中。其次，应鼓励支持郊野公园内实施减量化的镇、村集体经济组织创业，发展与郊野公园功能相融合的产业，创造更多的就业岗位，增加集体经济组织和农民的收入及资产。

进一步加大财税政策支持力度。首先，设立郊野公园规划建设专项资金，专项资金可通过以下渠道归结：减量化挂钩建新地块开发上缴的市级土地出让金按照一定比例结算给实施建设用地减量的区县，用于支持郊野公园建设；与郊野公园减量化相挂钩的建新开发地块所获得的出让金收益以一定比例返还，用于郊野公园建设和管理维护；区县政府建立增减挂钩节余用地指标有偿交易流转机制，所得收益优先用于郊野公园建设。其次，拓宽郊野公园土地综合整治融资渠道。区县政府可积极发挥政府平台优势，充分利用现有政府批准组建的投融资主体，实现金融机构与郊野公园土地综合整治项目融资对接，探索引入社会资金和主体，实施综合整治。

8.4.2 运营管理

坚持郊野公园的公益性。上海市郊野公园的规划和建设实施是由政府主导的，主要目的之一是为广大市民提供更多游憩空间，因此，郊野公园应保持其公益的特性，向市民免费开放。

规范资金使用和监管。郊野公园建设和后续管理运营涉及的资金规模较为庞大，资金来源多样，相关使用规定各不相同，区县政府需制订相应的管理规定，规范郊野公园资金使用，并接受市级相关部门的监管。

组建和培养专业的管理队伍。郊野公园建成后，实施主体应尽快组建专业的管理队伍，并进行专业培训，提高郊野公园后续管理水平。提供游憩服务、实施管理维护和承包利用园内流转农用地的企业中，由于郊野公园建设运营带来的新增就业岗位，应优先吸纳安排当地农民。

附录

Appendix

APPENDIX A

附录 A
国际方案征集

A1 国际方案征集借鉴之
——青西郊野公园

A2 国际方案征集借鉴之
——松南郊野公园

A3 国际方案征集借鉴之
——浦江郊野公园

A4 国际方案征集借鉴之
——长兴郊野公园

A5 国际方案征集借鉴之
——嘉北郊野公园

A1.1 美国 SWA 景观设计事务所：M+W 模式的探索

1. 核心理念

美国 SWA 景观设计事务所（以下简称“SWA”）提出“M + W”的规划理念。M 指多重功能土地使用（Multifunctional Land Use），包括农业、水系、建设用地的多重复合；W 指网络系统（Web System），包括生态网络和旅游网络。该方案让土地使效益最大化；生态优先，注重生态系统修复；以人为本，聚焦都市游憩需求。

2. 设计策略

方案分别从水系、农业、建设用地三方面提出三条主要的生态策略。

景观及旅游网络包含景观风貌规划、游憩活动组织规划、服务设施规划三种系统。

3. 设计亮点

方案基于多功能土地使用与生态、旅游网络系统相结合的设计理念。可持续发展生态治水策略通过对水系的联通、扩展和分级，深入强化生态核心区，创建生态走廊，开发生态与休闲相结合的湿地混合区，保留和开发水系周边生态农业区，增添休闲服务设施。

图 A-1 青西郊野公园规划设计图（SWA）

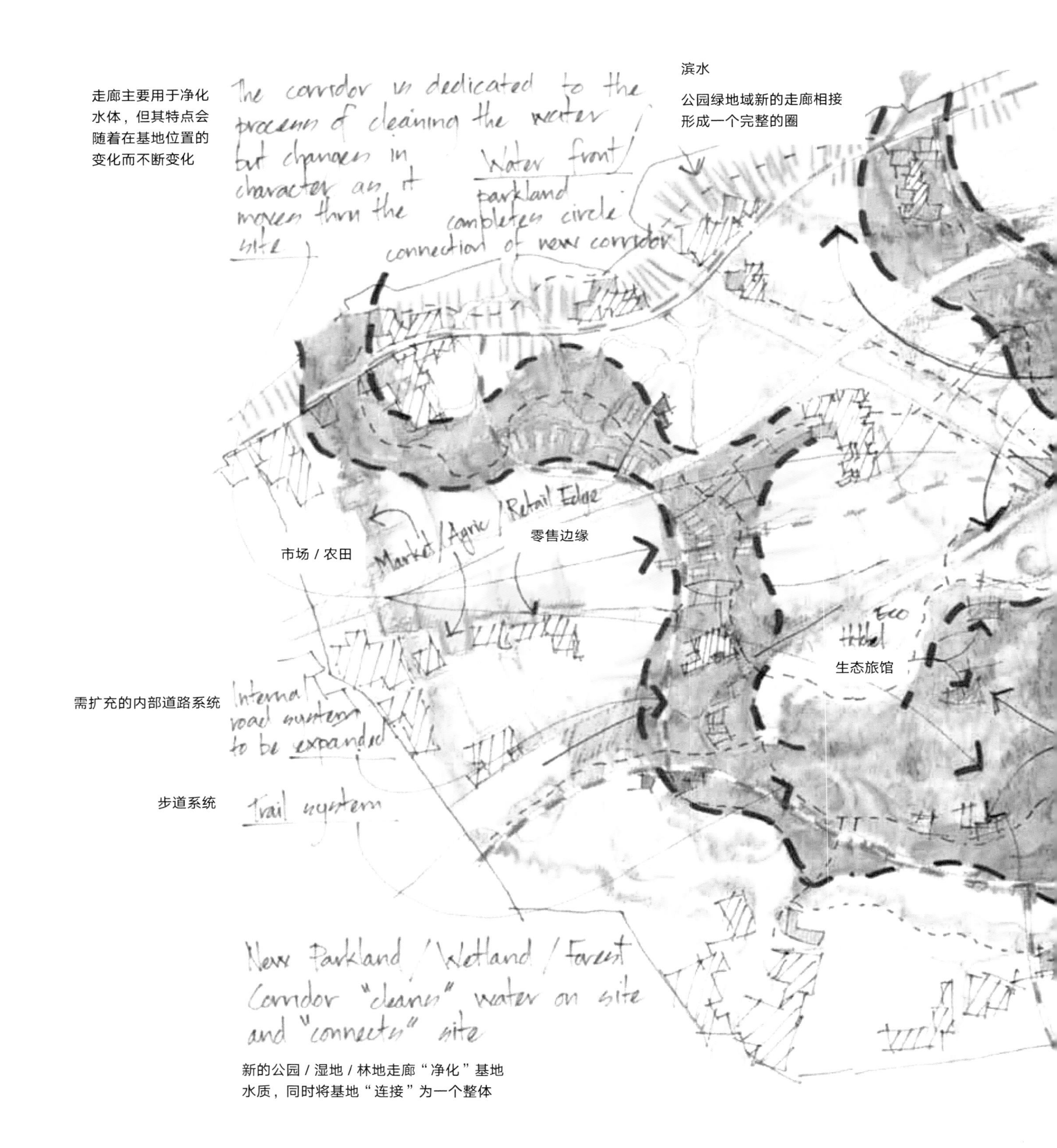
走廊主要用于净化水体，但其特点会随着在基地位置的变化而不断变化
The corridor is dedicated to the process of cleaning the water but changes in character as it moves thru the site
滨水
公园绿地域新的走廊相接形成一个完整的圈
Water front parkland completes circle connection of new corridor
Market / Agric / Retail Edge
市场 / 农田
零售边缘
Eco Hotel
生态旅馆
需扩充的内部道路系统
Internal road system to be expanded
步道系统
Trail system
New Parkland / Wetland / Forest Corridor "cleans" water on site and "connects" site
新的公园 / 湿地 / 林地走廊“净化”基地水质，同时将基地“连接”为一个整体

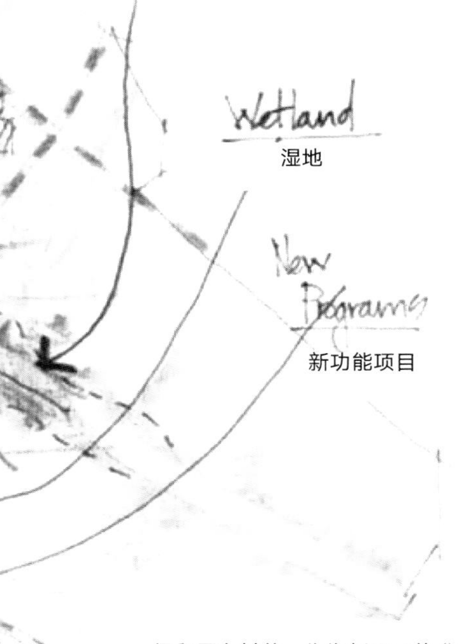

图 A-2 新的景观走廊支持新项目的开发（HASSELL）

A1.2 澳大利亚 HASSELL 国际设计咨询公司：青水丰宴，净化与联结

1. 核心理念

澳大利亚 HASSELL 国际设计咨询公司（以下简称“HASSELL”）提出“青水丰宴，净化与联结”的规划理念。“青水丰宴”指以农业和食物为中心，打造一个不断惠及上海所有都市居民和当地社区的项目。“净化与联结”指改善实体环境的清晰度和联通性，并增强其生态功能。

2. 设计策略

“净化与联结”是以“水体净化”为核心的生态策略。最基本的做法是用新的公园 / 湿地 / 林地走廊将被分割的基地连接起来。新的景观走廊穿过基地的各个部分，并支持新项目的开发。走廊成为基地的“肾”，主要用于净化水体，但其特点会随着在基地位置的变化而不断变化。

“青水丰宴”对应旅游网络策略。方案充分利用丰富多样的环境，在实体环境内开发的均为多层次项目，在休闲娱乐、旅游业和农业实践中创造经济价值。

3. 设计亮点

方案基于“青水丰宴，净化与联结”的设计理念，创造“生态走廊”，利用水体连接各类型景观基地，并起到净化水体的生态功能；充分利用丰富多样的环境，在实体环境内开发多层次的项目，创造经济价值。

A1.3 上海同济城市规划设计研究院：乡村生态综合型的郊野公园

1. 核心理念

上海同济城市规划设计研究院（以下简称“同济规划院”）的研究突出郊野公园与青浦新城、青西地区及环淀山湖地区的联动发展，强化分析地区的发展定位、青西郊野公园的景观特征和居民社会现状。公园需具备自然环境保育、水体质量保护的生态功能，又是游客和居民休闲游憩、体验科普的好去处，同时还能保障居民社会系统正常运转、村镇农林用地协调和产业优化发展，因此规划对青西郊野公园核心定位是“乡村生态综合型的郊野公园”。

2. 设计策略

方案突出郊野公园“本土化”和“以人为本”的两大设计原则。设计策略定位为三大板块：①本土化的环境保护措施；②本土化的市民游憩活动；③本土化的乡村发展途径。

3. 设计亮点

设计突出青西与周边社区的融合，力图将环境保护、景观游憩、旅游商服、休闲度假、社区发展、产业优化等在规划中融为一体，构建游憩系统与社会系统的耦合结构，每个游憩片区对应一个居民社区，二者相互产生积极影响，使公园游憩带动居民社会优化，居民社会促进公园游憩发展。

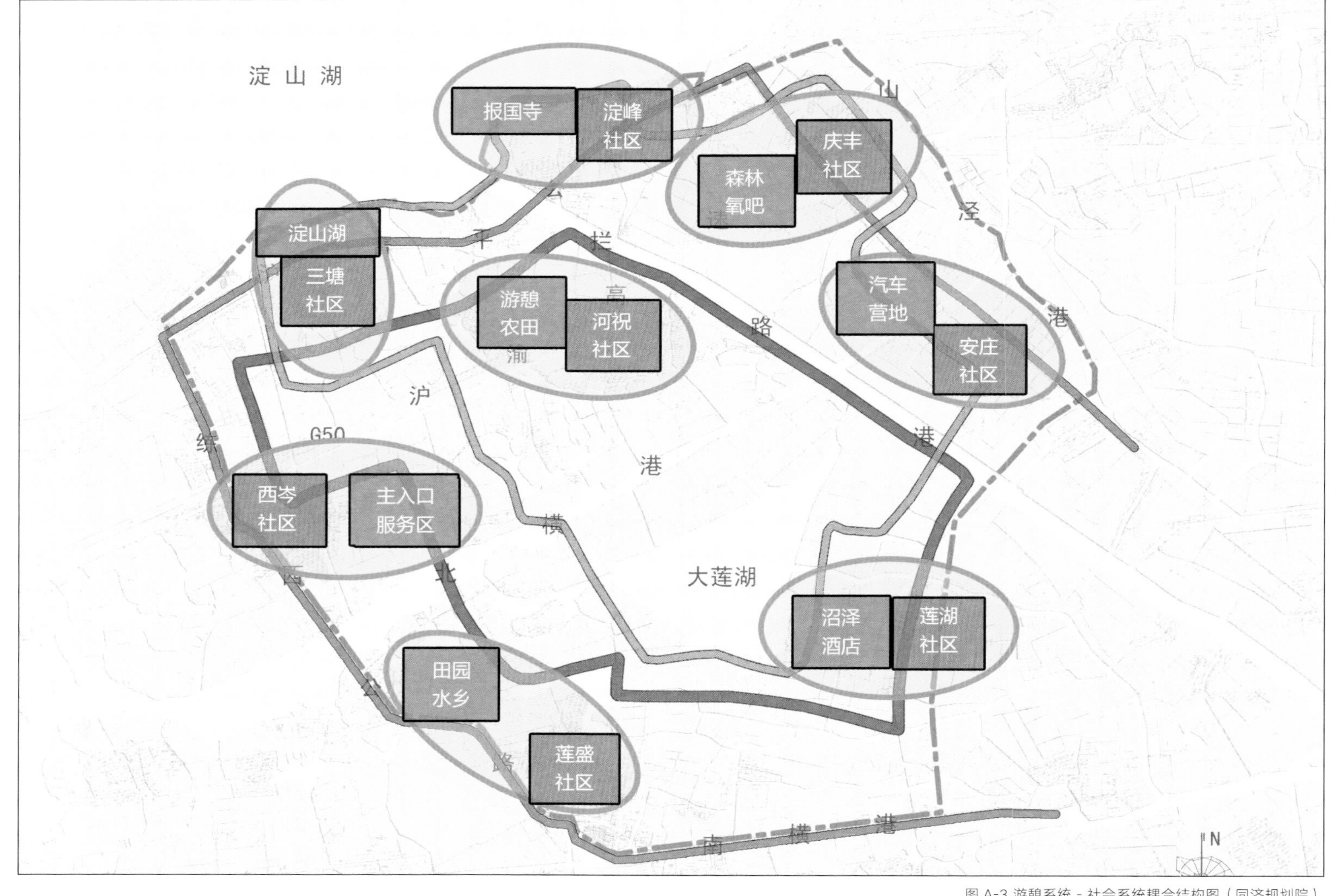

图 A-3 游憩系统 - 社会系统耦合结构图（同济规划院）

图 A-4 青西郊野公园效果图（同济规划院）

A2 国际方案征集借鉴之——松南郊野公园

A2.1 美国 MEYER + SILBERBERG 地景建筑公司：逸歌生态公园

1. 核心理念

美国 MEYER + SILBERBERG 地景建筑公司（以下简称“MEYER + SILBERBERG”）提出“逸歌生态公园”（Ecosong Park）的设计理念，打造一个健康居住地的典范，一个拥有独特活动的旅游胜地，以及一个世界领先的有机农业基地。在逸歌生态公园中，公园空间与各类设施共存，农田径流将通过人工湿地处理，游客和当地居民都可以感受到风景秀丽的、原始的野生动物栖息地，并共同促进该地区的整体繁荣发展。

2. 设计策略

1）优化现有资源

基地是一个文化和生态宝藏，是一处保护完整的上海农业文化遗产。逸歌生态公园将保留这个坚实的基础，提出尊重生态系统的项目，维护生态持续性，并保持基地的美丽。

2）净化水质

将基地已被污染的水网改造为一个天然的水净化湿地系统。这不但将改善松江地区饮用水的纯净度，也能改善流往上海市内的黄浦江水。

3）普及有机农业

对农民进行有机农业技术培训，改善土壤状况，为游客和居民生产更安全的食品。

4）修复生态环境

将多条绿色廊道和蓝色廊道连接成连贯的森林系统和湿地生态系统，形成一张生命之网。这张生命之网将为野生动物和鸟类提供一个健康的生存环境。

5）推广娱乐项目

逸歌生态公园将推广令人兴奋的多元化娱乐项目，寓教于乐，提供人与大自然互动的机会。

6）实现繁荣发展

逸歌生态公园将产生干净的空气、水和土壤，并从公园内的设施和开发项目盈利，生态系统、经济结构和人的身体都能得到健康发展，最终实现各种利益的平衡。

3. 设计亮点

1）功能结构

形成“一轴、六片区”的结构，一轴为连接带状公园“生命脊柱”。六片区分别为门户区、经济启动区、综合农林区、田野区、林区、松江文化区。

2）旅游策划

提出了水上出租、自行车租赁、公园巴士等特色旅游方式，重点对一期进行了一日游、二日游、多日游的深度策划。

3）生态景观

提出了水质改造计划、多层次林业种植手段、推广有机农业等较为有特色的生态改善方案。

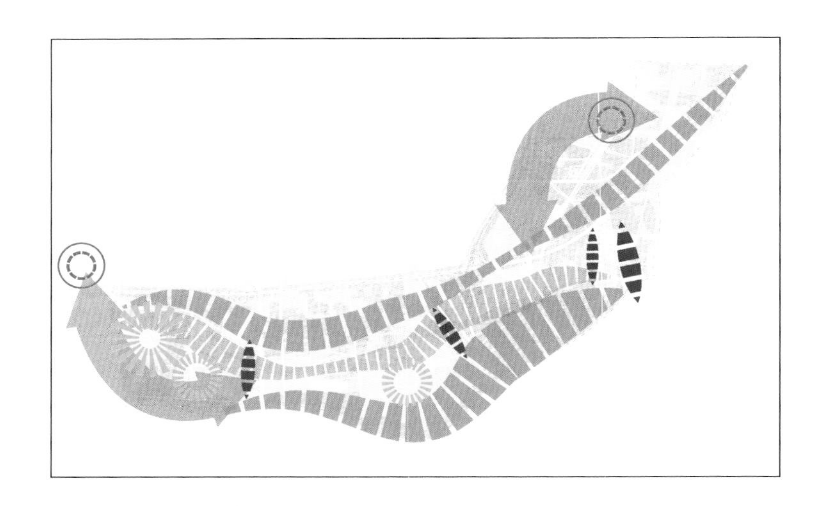

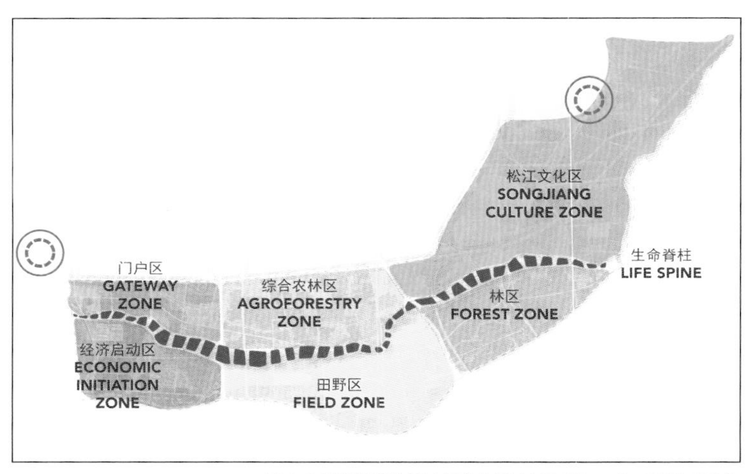

图 A-5 松南郊野公园功能结构图（MEYER + SILBERBERG）

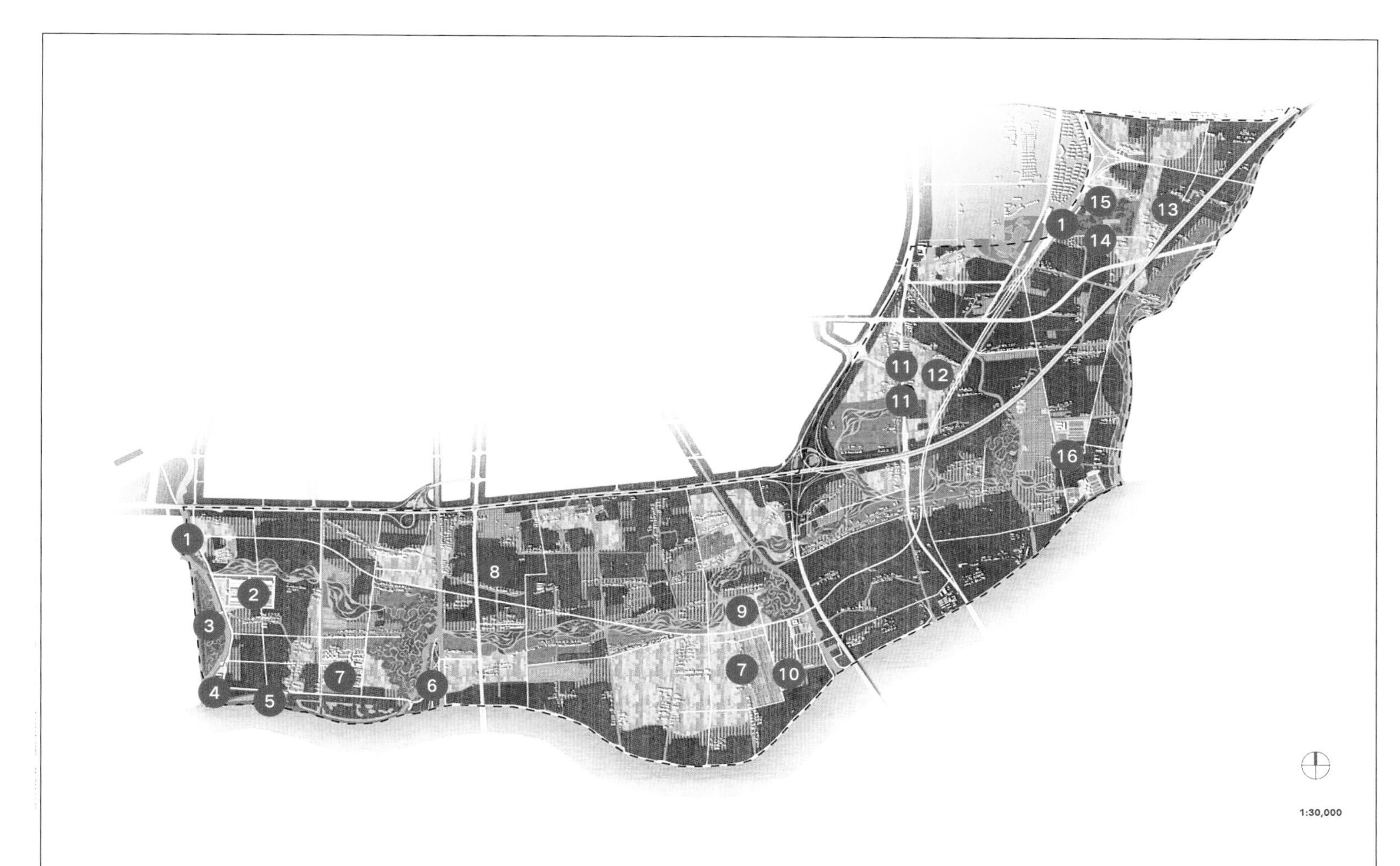

❶ 接待中心
❷ 有机农业研究院
❸ 生态岛小木屋 + 会议中心
❹ 米市渡中心
❺ 生态港亲水公园
❻ 永恒爱岛
❼ 有机农场中心 + 村子
❽ 冥想中心 + 健康 SPA
❾ 烹饪工作坊
❿ 校园农场项目
⓫ 商住混合开发
⓬ 影视园
⓭ 艺术夏令营 + 丝网版画博物馆
⓮ 体育中心
⓯ 植物园
⓰ 生态水处理中心

图 A-6 松南郊野公园总平面图（MEYER + SILBERBERG）

A2.2 德国瓦伦丁＋瓦伦丁城市规划与景观设计事务所：区域生态公园

1. 核心理念

德国瓦伦丁＋瓦伦丁城市规划与景观设计事务所（以下简称“瓦伦丁＋瓦伦丁”)规划的核心理念是建设一个区域生态公园,具体包括以下三点。

（1）通过保护生态来实现基地向自然状态的系统转变，从而达到生态平衡。

（2）尊重现有的景观结构，将交通干线和城市边缘的开发通过景观的手法整合在一起，加强乡村景观的吸引力。

（3）将乡村田园景观保留下来，并凭借其靠近城市的优势，深入挖掘公园的自然景观和历史文化特色，使公园积极融入周边城市区域，实现整体发展和特色发展。

2. 设计策略

1）功能结构

公园有三条主要景观带：城市边界带、穿梭于农业景观间的路径和黄浦江游览观光带。

2）旅游策划

依托三条边界，规划形成三个活动区域：城市边界的休闲活动区、农业景观中的休闲区和黄浦江水岸边的休闲活动区。

图 A-7 松南郊野公园森林鸟瞰图（瓦伦丁＋瓦伦丁）

城市边界的休闲活动区是一个有吸引力且容易到达的区域，设有俱乐部，餐馆，体育馆或建设中心等。

农业景观中的休闲区由美丽多姿的田园乡村景观构成，通过水体净化和恢复，水生植物展示等措施打造理想的休闲场所。

黄浦江水岸边的休闲活动区起始于历史悠久的米市渡口，通过涵养林和湿地的设计，新建博物馆、餐厅等观景点，赋予黄浦江岸新的价值。

3）生态景观

森林系统由涵养林、气候林、露营森林和森林缓冲区组成，通过人工湿地净化水质等措施修复生态。

3. 设计亮点

1）空间结构特色突出

城市带——城市边界的休闲活动区；

景观带——农业景观中的休闲区；

水带——黄浦江水岸边的休闲活动区。

2）农田处理手法较有特色

方案结合国际案例提出了 800 m × 800 m 的田块设计理念，建议采用现代农业灌溉方法等具体的农田水利措施。

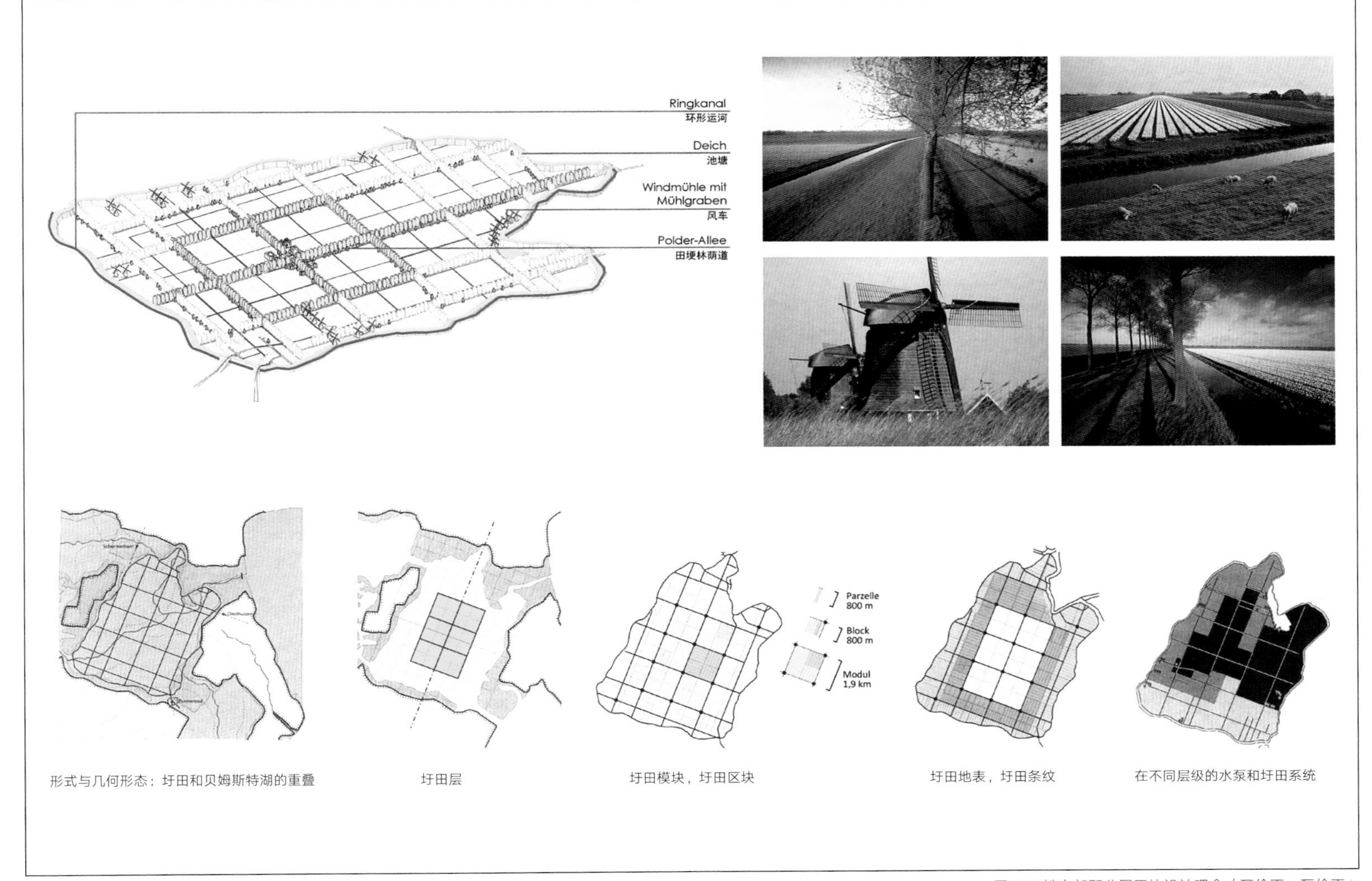

图 A-8 松南郊野公园田块设计理念（瓦伦丁 + 瓦伦丁）

图 A-9 松南郊野公园总平面图（杭州园林院）

图 A-10 松南郊野公园游览交通线路（杭州园林院）

A2.3 杭州园林设计院：蓝绿交织的田园城市

1. 核心理念

杭州园林设计院（以下简称“杭州园林院”）规划核心理念是“诗画松南，水墨田园，生态水源，有机郊野”。规划形成“北城南园”的特征空间，即城市由北往南过渡到乡村农林地，最后到达生态水源林地。基地内部田地、鱼塘、林地、水源相互交织，为塑造一个现代化生态新农村，向新城输出自然、有机、郊野、健康的生活方式提供了契机。

2. 设计策略

1）功能结构

规划将基地划分为四个片区，分别为西端商业片区、生态农业标准化示范区、森林休闲公园片区、黄浦江水源保护及涵养林区。设计时侧重以农林复合生态保育用地为规划基底，兼顾黄浦江水源涵养林区生态保育功能，对交通易达且对生态影响较小地块进行高强度开发。西端利用现有建设地块及历史遗迹点形成商业片区；东北区块考虑与车墩镇城市服务中心的关系，设置森林公园片区；在水源保护区块布置少量科普教育用地，兼顾滨江地带生态与开发的平衡。

2）旅游策划

游览交通线路包括机动车交通、骑行步行交通和水上交通。其中机动车交通线路主要利用郊野公园一、二级道路组织外来游览车辆；骑行步行交通主要利用郊野公园三、四级道路，包括滨江路（防汛通道）；水上交通线路分为船览黄浦江的外部水上线路和舟游内泾河的内部水上线路。

3）生态景观

方案从生态特征上将基地区划为农田改建区、生态水源林地涵养区、湿地保育区三大带，将商业开发用地集中组团放置于城市与河网绿带渗透带，集中建设避免大尺度土方，协调游憩生产和生态保育之间的关系，减少对生态的人为干扰，兼顾生态与经济的平衡。

3. 设计亮点

（1）方案对滨江休闲景观带进行了详细设计。

提出了“林—路—水”三线融合的景观结构，将休闲游憩、生态科普、基地文脉串联，打造慢行休闲、亲近自然的感觉。

（2）方案对米市渡码头文化商业区块等重点地区进行了较为详细的规划设计。

该商业区块以黄浦江旧时埠头文化氛围为特色，主要由原有米市渡老码头和现有的厂房货仓改造而成，包含米市渡历史码头遗址、黄浦江旧时埠头文化商业片区、米市渡文化码头广场等展览设施，剧场、剧院等文化设施，餐饮酒吧设施，以及住宿等配套服务设施。

A3 国际方案征集借鉴之——浦江郊野公园

A3.1 美国贝依多建筑设计（上海）公司：浦江之角，上海绿心

1. 核心理念

美国贝依多建筑设计（上海）公司（以下简称“贝依多”）以“LIFESCAPE——生命之美，生活之美”为主题，提出的城市缓冲带、村庄改造措施和生态修复等策略。LIFESCAPE 是一个宏观尺度下环境改造和重建的生态过程，不仅恢复地区的健康和生态系统的生物多样性，同时也激发使用者的精神和想象。LIFESCAPE 也是一个动态的生态培育过程，包括土壤、空气和水，植被和野生动物，工程和人类活动，财政与管理，环境工程，苗木多样混植生境自然特征，多样化能源再利用和教育，以及人与自然、技术和时间的交互作用。

2. 设计策略

1）场地识别策略

浦江郊野公园位于黄浦江、大治河、金汇港交汇处，是全市唯一的“十字形”水域空间，形成了生动的五龙戏珠的格局。方案结合该项目特殊的地理特征，打造浦江之角，以森林溪地为自然特征，白鹭为指标物种，大景观轨交上盖、艺术化高压电塔等为地标物，实现浦江郊野公园强烈的品牌度和识别度。

2）生态健康策略

方案以做大斑块、做通廊道、做多物种、做少干扰来优化生态结构，保证生态健康；提升郊野公园外围缓冲带的游憩参与度，以降低密集建成区真空带的公共安全隐患；通过水体净化和水体、农田、森林的生态修复来改善生境条件；采用先锋树种和本土树种的更替、基础物种的培植，以及针对指标物种的环境改造来提高生态恢复的效率。

3）生态产业策略

方案在保留部分生产用地的基础上，提高产业效能与附加值，增加就业密度；同时大幅增加第三产业规模，紧扣生态主题，打造个性化服务品牌；并通过社会化衍生，帮助解决就业、健康、养老等社会突出矛盾。

4）延续更新策略

方案在文脉的保护与继承上，强调传统文化的与时俱进。主要包括水乡村落的保留与现代功能的充实、传统空间的提炼与新空间的创造、历史人文典故的恢复与再现、拆除村落的纪念等。

3. 设计亮点

在生态修复方面，方案从水体净化、栖息地修复、农田生态修复、森林生态修复、生物链修复等方面给出了详细的设计手法。

首先，方案设计了园区内部雨季花园，将雨水收集、沉淀，使其净化后流入主河道，并设置生态湿地净化区，达到净化水体的效果。

其次，针对场地特点，方案归纳总结公园内存在及潜在的栖息地类型，通过对这些不同类型栖息地的保护与修复，在恢复生境的同时，为人们提供其他生态价值。修复后的栖息地根据类型的不同，能够吸引各类野生动物，增加公园生物多样性，稳固生态系统稳定性。

第三，方案依赖生态多元性、多用途、多时令的特点，发展有机农业，对农田进行生态修复。

第四，方案根据不同景观特征，分别针对生态湿地林、滨江涵养林、道路防护林、生态游憩林等进行林地种植规划，实现森林生态修复。

最后，方案在分析生态机遇的基础上，引进不同的物种，激发生物链修复，提高生态恢复效率。

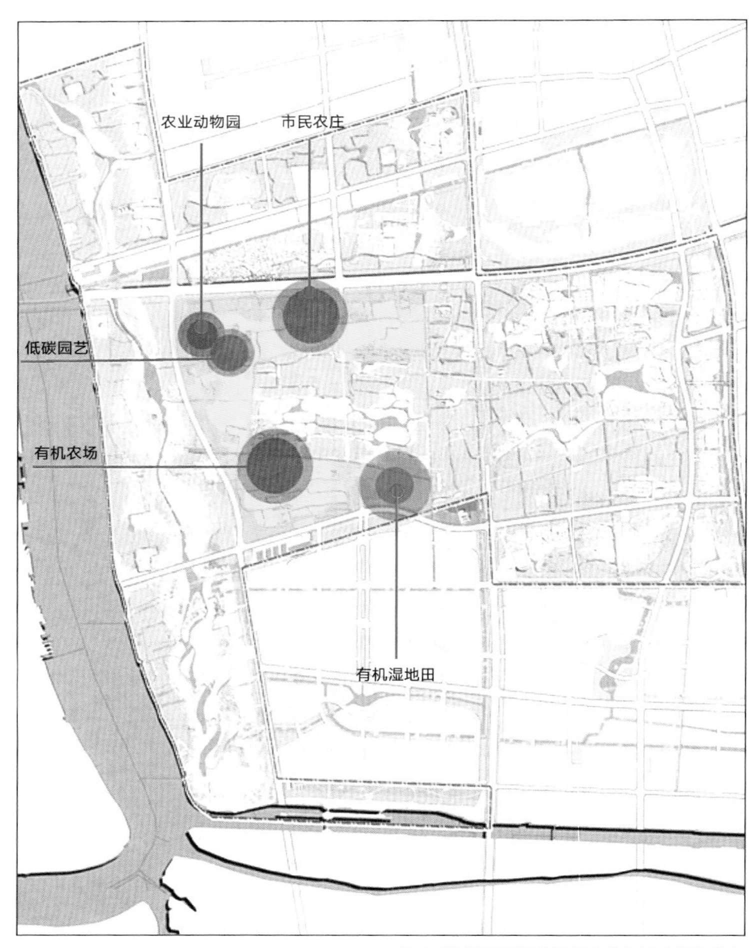

图 A-11 浦江郊野公园产业分布图（贝依多）

图 A-12 浦江郊野公园总平面图（贝依多）

186

图 A-13 浦江郊野公园鸟瞰图（AECOM）

A3.2 美国 AECOM 公司：关注大地资源的创意实践地

1. 核心理念

美国 AECOM 公司（以下简称“AECOM”）通过一系列“食物实践”的创新活动体现对农田、水、林地等大地资源的关注和保护。通过营造生态优质水源，抚育生态林相，优化创新农业，营造适合“健康食物”生长的自然生态环境，打造生动有趣的“食物足迹”的体验，构建人与自然，人与人和谐相处的文化价值观。同时，升级产业功能，打造本土产业链，重构居民与土地的经济关系，为生态注入经济和文化价值。

2. 设计策略

1）保留自然野趣，塑造有江南特色的水岸乡村景观

保留村落肌理，对村庄建筑进行改造，通过水环境规划，构建水生态系统，结合涵养林及社区设施，形成郊野公园及周边社区的重要滨水活动区，并大力发展整合型林地农业产业，实现生态、景观、经济等多种功能。整合村庄、农田、林地、河道、道路等要素，打造“食物景观”，追寻“食物足迹”，关注“食物健康”，创新“食物实践”。

2）朴门农法模块设计

方案设计特色农场、农田林地和森林农家三个区块。特色农场区重点打造豆食工坊，农田林地区打造农家小院，森林农家区打造药食膳房，让游人在完整而真实的食物实践中体验朴门农法精神，重新思考人与土地、自然的关系。

3. 设计亮点

方案以“食物实践”为主题，在自行车道规划和古镇改造等方面值得借鉴。

1）杜行古镇改造

结合古镇商业与历史文化，保留原有的东、西、南、北、中街，分级改造现状建筑，激活商业基因，植入庭院式蔬菜景观，复原当地手作工艺，重现集镇的繁荣风采，创造商业与文化价值，将食物的踪迹带进古镇的每个角落。

2）自行车道规划

主要利用现状条件较好的农村道路和田间道路，作为园区内的自行车道的主要通道。园区共计设置 35 km 的自行车道，串联了服务区、停车场、地铁站点等主要的对外公交点，以及园区内古镇工坊、豆食工坊、农家小院、药食膳房等主要活动节点。

图 A-14 浦江郊野公园古镇景观设计图（AECOM）

图 A-15 浦江郊野公园特色农场设计图（AECOM）

A3.3 北京土人景观与建筑规划设计研究院：新都市农业公园

1. 核心理念

北京土人景观与建筑规划设计研究院（以下简称“土人设计”）从“新三农主义”——新农业、新农村、新农民出发，提出都市人口的进入是未来农林土地谋求发展的关键点。同时要走休闲农业与有机农业之路，并结合市场和资源重新定位开发农村新模式。

2. 设计策略

1）新农村

方案打造水乡庄园、SOHO 乡村、森林特色村落三大类产品，形成小镇时尚、水乡田园、森林颐养、湿地游乐四种休闲空间。既保留原汁原味的水乡小镇风貌，又融入了新的生活方式。同时，在现有农业格局和生产性景观的基础上建立游线和游憩节点，将不同种类的农业生产特色区域连接成为一个游览环线。通过湿地生态系统建立一个丰富的动植物生态圈，这里融合了湿地的生产功能和教育示范功能，以亲水的界面吸引人群游乐其间，充分体验湿地的乐趣。

2）新农业

方案一方面建立休闲农业体系，在水乡田园区开发家庭农园、亲子农园等，发展休闲农业旅游。并结合交大低碳农业、航天育种基地等，发展农业科技研发试验，进行农业技术交流与推广，形成新的农业发展模式。

另一方面建立有机农业体系，对不满足有机条件生产的地块，发展绿色、无公害农业。

3. 设计亮点

农田布局结构方面，方案划分了水乡田园村落区。该区块为林带和湿地带环绕中的典型水乡，项目包括现代农业研发展示和绿色有机农产品生产。城市富裕阶层可在此投资，租赁村庄或村民住宅和土地，改造为其第二居所，使这里成为各界精英进行田园休养和交流的空间。

农地经营策略方面，方案采用“1+3”的开发模式，将基本农田的生产功能与休闲服务功能有机结合，转变传统农业的发展模式，引入生态农业的理念，发展都市型农业和立体农业。第一产业将营造以生态农业为特色的生态环境，发挥其可观赏、可教育、可生产、可参与的优势，成为第三产业的生态基础。第三产业延伸第一产业链，提高第一产业的经济产值，带给游客与都市生活不同的田园体验。

图 A-16 浦江郊野公园滨江景观设计图（土人设计）

图 A-17 浦江郊野公园鸟瞰图（土人设计）

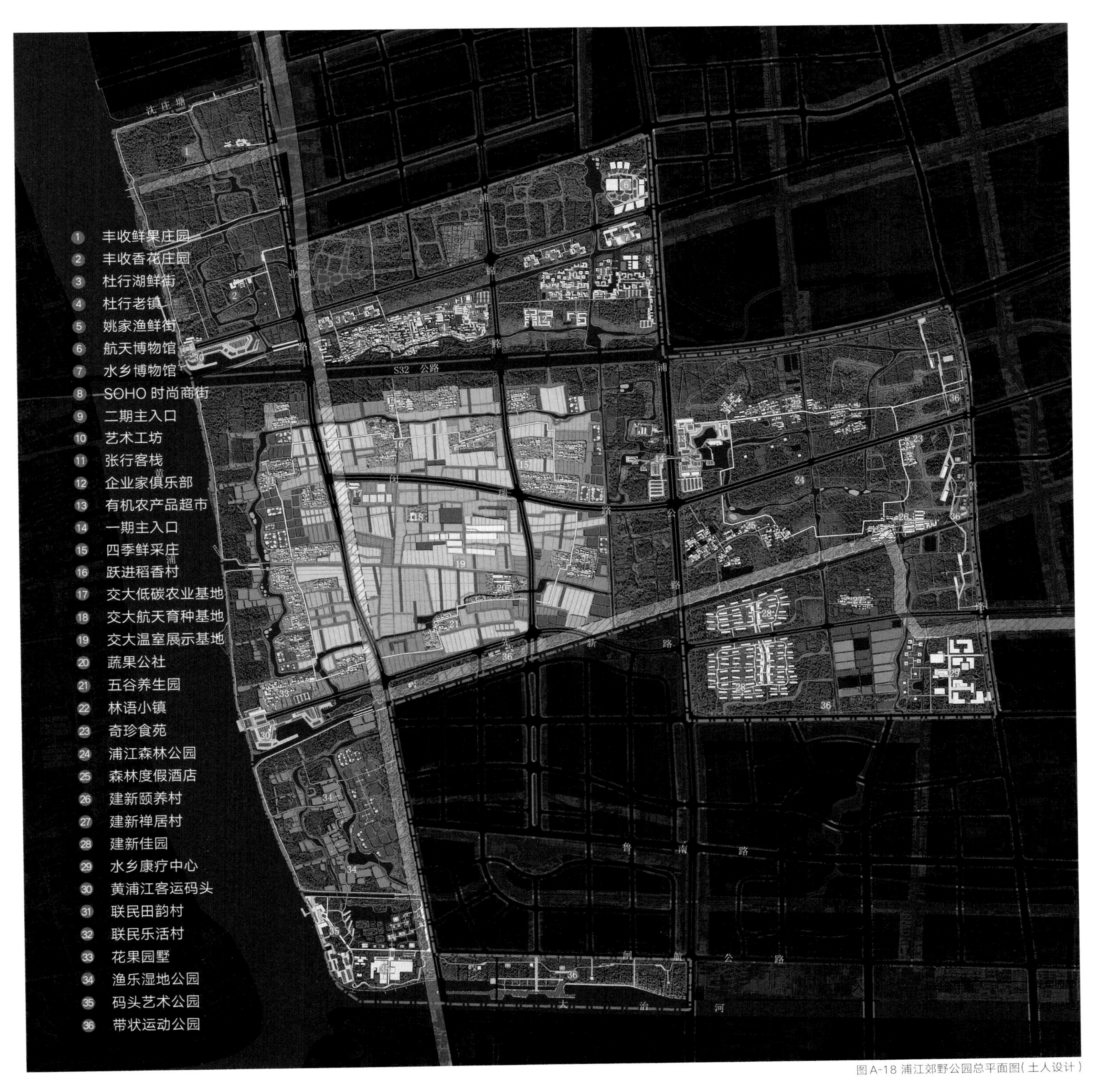

图 A-18 浦江郊野公园总平面图(土人设计)

A4.1 西班牙巴塞罗那 BLAU 建筑城市景观事务所 + 美国 AMJ 设计公司：大上海绿洲岛

1. 核心理念

西班牙巴塞罗那 BIAU 建筑城市景观事务所 + 美国 AMJ 设计公司（以下简称“BLAU + AMJ”）提出：长兴郊野公园及湖水所扮演的最重要角色，在于环抱上海这座城市。规划与研究基于这一理念，从开放空间和公共风景资源保护的角度，以及农业与公园的关系、管理与经营的关系、生态与环境的关系、休憩与旅游的关系，深度研究概念规划，以充分发挥郊野公园促进城市与郊区一体化发展的连接作用，实现其有助于城市空间良性发展的多重功能和目标。

2. 设计策略

长兴郊野公园在设计中被赋予若干不同的主题，包括健康养生、体育、休闲娱乐、探险、自然等。

紧扣不同主题，在长兴郊野公园内混合设置不同的功能。功能之一为滨水功能，包括旅店、桑拿、巡游、会议和研讨会开放空间，宴会场地租赁，文化活动场所等；功能之二为自然休闲公园，包括天堂公园，马术场，别墅酒店，景点、野营、艺术空间，礼品店等；功能之三为休闲功能，包括丛林野战、彩弹射击、皮划艇等休闲项目；功能之四为实践景观，包括学校、农业大学、景观大学等；功能之五为实验性公园，包括实践景观、大师精品住宅区、实践性生态住宅等；功能之六为体育主题公园，包括网球、羽毛球、赛艇、独木舟、高速游艇等。

方案将探险作为一种积极的旅游模式，吸引更多的游客。探险项目包括攀岩、越野比赛、赛车等。

3. 设计亮点

（1）公园的部署与创建与五种不同系统紧密挂钩。

五种系统为地形、自然环境、基础设施、公园功能和活动项目。①设计方案对岛上的水资源和排水系统逐步实施整体和局部的清理，创建新的水域和地形形态。②设计方案中，自然环境的空间结构表现为四条带状区域，通过植被改造，形成地形 + 植被系统的自然空间。③方案通过主要轴线，支撑起全部基础设施网络，并设计特色游径和轻轨系统。④设计方案从制定发展战略开始，直到对不同片区进行定义，对公园的类型、设施构想、更新、安置等方面进行考虑。⑤活动项目的可持续性表现为特色设施进驻公园、无二氧化碳排放、季节性变化和弹性设计等，指导方案设计的活动项目包括活动节点的安置、“特色花园”进驻公园等。

（2）方案通过主题策略、混合功能策略、探索与发现策略等，将不同特色的游憩活动组织串连起来。

（3）方案通过建设六种公园带，塑造独特的公园空间景观系统。

这些公园带包括：保护林公园、观光农业园、休闲花园、内庭院公园、郊野活动园、海滨公园。活动项目包括观景栈道、芦苇栈道、湿地沼泽、森林氧吧、探索森林、菜花田、稻田、草莓采摘园、橘子果园、葡萄采摘园、各色农田、森林探险、野餐草地、公益跳蚤市场、樱花园、话语公园、射箭、野营、越野识图比赛、房车、越野赛、赛车运动、划独木舟、骑马、垂钓、步枪射击运动、人工滑雪场、汽车电影院、飞碟射击和攀岩、赛艇、电力划船、风帆、水肺潜水、滑水等。

（4）方案坚持“尊重自然、顺应自然、保护自然”原则，“郊、野”原则，以及“整体发展、错位发展”原则。

（5）方案通过“特色花园”为郊野公园增添多样性。

A4.2 德国 ECS/ 易城工程顾问公司：畅享大自然，呼吸杉林水

1. 核心理念

德国 ECS/ 易城工程顾问公司（以下简称“ECS/ 易城”）方案通过彰显绿色主题、注重健身游憩、突出生态效应，将长兴郊野公园建设成为上海市民的后花园和郊野游憩体验目的地。打造以橘园观光、商业服务、生态健身、休闲、度假等功能为特色的郊野公园。目标愿景：坐拥 900 hm^2 生态林地的绿色天堂；具备丰富多彩的游览体验的游憩胜地；每天产生 65 万 kg 负氧离子、吸收 26 万 t 二氧化碳，释放 24 万 t 氧气，涵养水源 27 万 t 的氧生乐土。

2. 设计策略

1）尊重现状环境与创新景观的转换

尊重现状的杉林、橘园、河道、鱼塘、村路等环境景观要素，并通过保留、梳理、改造、创新等方式，营造出作为自然屏障的森林、作为记忆传承的橘园、河湖交织的水景、保护生态的湿地、串联成游径的道路。

2）田、水、村的整治

（1）整合相对零散的农田，同时对部分橘林退林还耕，形成成片区的农田，并保持长兴岛本身的肌理。

（2）各个片区通过改造形成实验农田、现代农田、缤纷阡陌、湿地农田、滨河农田、创意农田等不同景观特色的农田，使农田成为“一村一景”的一部分。在不同季节种植相应的作物，举办不同的农田活动，以增加村民的收入。

（3）加强政策扶持，发展都市农业。搭建农业重点项目工作平台，挖掘优势主导产业。加强农民合作组织，加大龙头企业带领，标准化农业生产，形成农业产业化经营。在农业生产过程中运用新科技。

（4）沟通现状河网水道，打造连续贯通的公园水网体系。通过水系开挖、疏浚、治理等多种手段，打造丰富多样的水系景观。

3）创造多样的景观体系

在公园内人工开挖一大型湖面，湖面面积近 20 hm^2，使之成为公园内一颗亮丽的水上明珠。构建长达 8 km 的公园河道水系，并引青草沙水库之水冲刷园内河道，将河道水质由Ⅳ类改善为Ⅲ类。保护现状条件较好的类湿地区域，通过不同阶段的构建和恢复，形成真正的湿地景观。对公园内众多的鱼塘和堰塘进行保护和利用，种植荷花等植物，构建以“荷”为主题的水上活动项目。

3. 设计亮点

（1）设计思路独特：我们创造什么——我们改变什么。

（2）总体规划理念是尊重自然现状、传承历史文脉、创造多样景观。

（3）方案提出构筑公园郊野森林特色、维护生态安全格局、综合游憩拓广度等策略。设计了山之林、树之林、水之林的绿色呼吸廊道。

A4.3 上海 / 荷兰东联尼塔设计集团：纯粹共生境

1. 核心理念

上海 / 荷兰东联尼塔设计集团（以下简称“东联尼塔”）提出长兴郊野公园是以水资源为出发点，集娱乐休闲、农业观光、生态保护于一体的郊野公园，是赤脚步行、俯身饮水、抬手摘果的纯粹共生境。

2. 设计策略

（1）尊重原生地貌；尊重自然水网；尊重特色空间。

（2）保护自然环境及生态植被，构建生态廊道，创建安全生态格局；划分敏感区域，控制功能设施；综合现状整治，剔除污染源头。

（3）对水、田、林、园、村等要素进行提升。

（4）从“旅”“业”“居”出发，完善度假体系，激活当地产业经济。

3. 设计亮点

从“保护”到“产出”；从“文化”到“经济产业”；从“宜居”到“乐居”。

A4.4 澳大利亚 PCDIGROUP 拜登国际设计集团：纯水天堂

1. 核心理念

澳大利亚 PCDIGROUP 拜登国际设计集团（以下简称“拜登”）从田、水、路、林、村、生物、动物、风、土、历、人、文等现状可利用资源出发，提出：长兴郊野公园是被长江和青草沙水源地环绕的、具有远郊海岛型风貌的郊野公园。

2. 设计策略

基于同质生态资源，对景观进行优化；基于生态基质本底，植入特定功能；基于生物物种关联，对生态进行修复。

3. 设计亮点

方案以建设“纯水天堂”为目标，对“水主题”、“海岛形”进行深刻理解和探索诠释。

郊野公园总体结构为“一园四片、多环相扣、互为促进”。

一园四片，是指整个郊野公园分为水上森林、水上村庄、水上农田和水之体验四个主题板块。

多环相扣，是指由生态保护带、生态廊道、生物通道、河流水系及各景区的休闲步道等大小环线形成的，相辅相成的游览系统。

互为促进，是指农业、旅游业、自然生态环境的和谐共生与协调发展。

图 A-19 长兴郊野公园效果图（BLAU+AMJ）

A5 国际方案征集借鉴之——嘉北郊野公园

A5.1 中国美术学院：上海郊野的原风景

1. 核心理念

中国美术学院（以下简称“中国美院”）提出：“上海郊野的原风景，留住的不仅仅是郊野，更是故乡和风景。守望都市、呵护乡村，梦里田园看嘉北。”嘉北郊野公园既是一种城郊的风景，也是一种不应该被遗忘的生活方式。

2. 设计策略

通过构建两个高点，确保三个支点，打造多个亮点。

两个高点即文化冈身 / 郊野新天地，以及生态绿心 / 城市新生活；

三个支点即郊野休闲产业、康体养老产业和养生度假产业；

多个亮点即万顷田园、梦里水乡、徐秦古村、钱氏宗祠、道乐博物馆等景观节点。

3. 设计亮点

基地的生态大格局由农田、林地、村落及水系构成，以“基质 - 斑块 - 廊道”为模型。

规划坚持充分利用现有的生态元素对其进行整理并加以提升，避免大规模人工营造。同时对历史进行挖掘，并将其融合于规划理念之中，增添公园的文化内涵。

A5.2 荷兰尼塔设计集团：完形嘉定，生态升华

1. 核心理念

荷兰尼塔设计集团（以下简称“荷兰尼塔”）提出，在城市发展的历史中，嘉定人走过了依附于自然、改造自然、破坏自然、尊重自然这几个主要阶段。因此，“完形嘉定”的重要组成部分中需要绿色生态办公（ecological office district，EOD）的生态引导。

2. 设计策略

围绕生态引导主题，方案提出四种基本模式和四条设计策略。

基本模式包括：尊重自然环境，注重保护开发；回归田园生活，打造闲适家园；构建持续系统，维护生态平衡；完善高效服务，补给城市缺失。设计策略包括：构建风貌显明的特色农田湿地系统；策划主题性游线，串联环环相扣的特色项目；引入城市路网，避让生态廊道，构建多层次绿色交通网络；采用资金平衡模式，分期开发，合理策划。

3. 设计亮点

嘉北郊野公园是嘉定最早成陆的地方，是水之源、田之源，更可以是生命之源。方案在构思过程中抓住了“源”的概念，将水体、道路、场所、设施、绿化等元素用“源”的概念联系在一起，将所有元素组合交叉，形成互相交融的、有机的系统。

A5.3 法国岱禾景观事务所：江南水乡，田园牧歌

1. 核心理念

法国岱禾景观事务所（以下简称“岱禾”）根据嘉北郊野公园的内在要求和发展方向，在规划中始终融入“回归田园乡居，享受怡然生活”的理念，设计尽量保持场地原生态的田园野趣的江南水乡风貌，让上海及周边地区市民，能在休闲时间到公园来回归淳朴和自然，体会农耕式悠然自得的生活方式。

2. 设计策略

方案以林地为斑块，结合果园、花圃，展现上海地区植物群落自然文化特征；以河道为廊道，结合芦荡、藕塘、稻田、鱼塘，展现江南水乡地域特征；以田园为基底，结合村落、民居，展现本地区农耕文明和田园文化特征。

3. 设计亮点

方案充分发掘场地特有文化，将游憩体系与不同的文化主题结合，赋予游憩系统以灵魂和生命。根据果林的原有肌理，结合场地本身及周边的自然资源，将场地划分为九条环形游憩线路和九种主题公园。

图 A-20 嘉北郊野公园效果图（岱禾）

A5.4 北京德杰盟工程技术公司：水网上的田园绿环

1. 核心理念

北京德杰盟工程技术公司（以下简称“德杰盟”）提出，在总体上加强水系及绿带与绕城森林的沟通，通过林绕城、水绕城及路绕城三个层面，打造人的游憩、鱼的倘佯、鸟的栖息三种空间。

2. 设计策略

规划建议疏通嘉定城区主要水系及绿带与绕城森林的联系，将水系整合到环形 - 放射形绿地结构中，并在节点处形成公共服务核心，沿主要水系、绿化廊道，形成嵌入式的城市空间结构，总体上为嘉定打造“环、楔结合的绿地系统”。

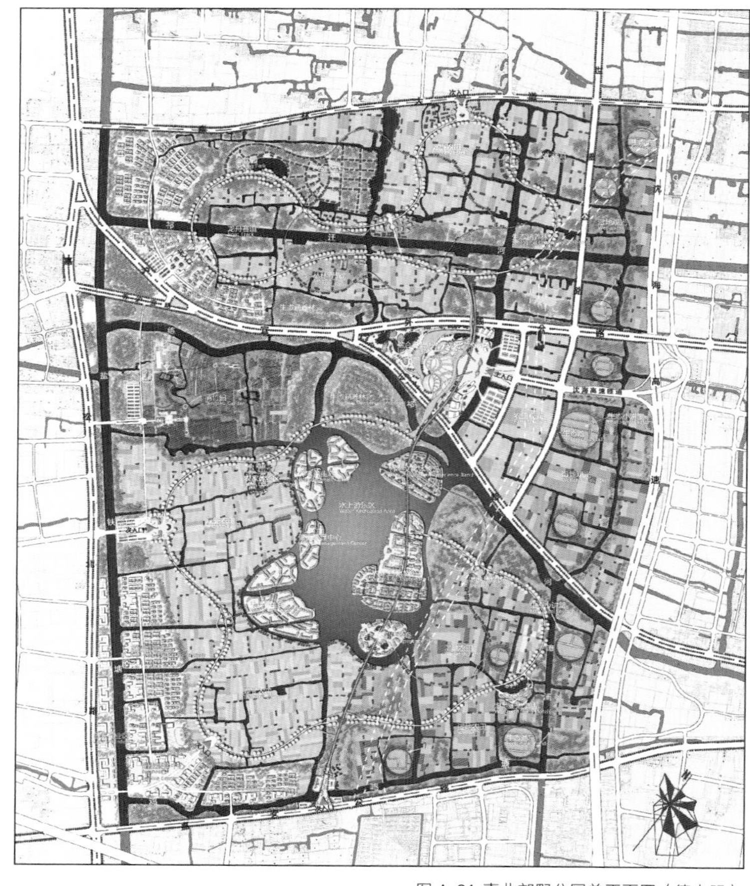

图 A-21 嘉北郊野公园总平面图（德杰盟）

图 A-22 嘉北郊野公园效果图（德杰盟）

APPENDIX B

附录 B
上海郊野公园
专题研究成果摘要

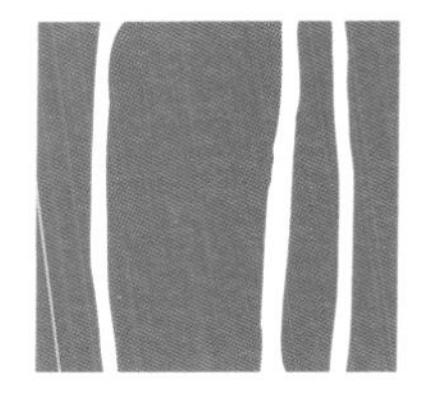

B1 湿地生态专题研究

B1.1 湿地建设理念、思路与方法

在国内外的案例中，湿地生态系统体现了其土地利用价值提升、水资源涵养、水质净化、生物物种和景观多样性保护、景观品位提升、休闲娱乐和教育科普场地、区域经济发展潜力发挥等一系列生态服务功能和价值。

在上海郊野公园的规划中，应依据现有湿地资源的分布和现状，从最大程度发挥湿地生态功能的角度，围绕相关的生态工程、景观工程、环境工程（运营过程中污染的消除）、土木工程（楼、亭、馆、所建设）、生态文化工程等，进行上海郊野公园的湿地建设。

B1.2 湿地建设主要措施

1. 发挥湿地景观协调功能

郊野公园以河网、湖泊、池塘为主要湿地景观，发挥湿地的景观协调功能，应首先对其水系进行科学的规划和管理，达到“以水为链”的效果。

（1）以主要河道或湖泊为主干，依据当地地形及地貌特征，将区域内小型河道、池塘等通过人工沟渠连通，在连接处可修建水闸、过船水闸等进行控制盒管理。

（2）整个水系与外围水系保持相对独立，通过水闸等控制手段，人为控制系统内的水量，依据不同季节、景观需要、水质需要和水生生物生长的需要进行相应的调节。

（3）结合原有地形地貌，通过控制水闸、拦水坝、泵站等设施，人为设计并控制系统内的水流方向，以及湿地系统内的静水与动水的比例。

“以水为链”沟通了郊野公园内各景观设计要素，使公园内人文、自然景观设计要素在河网、湖泊、池塘的依托下形成统一的景观特色，提升整个郊野公园的旅游吸引力；水系的联通可形成景观要素之间的水上交通网络，有利于其旅游功能的整合；此外，水系的联通可促进区域内的水质改善，更好地发挥湿地的水质净化功能。

2. 发挥湿地水质净化功能

水质净化是湿地的重要生态功能。在建设上海郊野公园的过程中，可从两个方面发挥湿地的水质净化功能。一是景观湿地在产生景观效果的同时，以湿地植物和微生物为主体，吸收氮、磷等营养物质；二是在郊野公园的特定位置，如人为建筑的排污口、系统外劣质水的输入口等区域，设置人工湿地净水系统，弥补景观湿地单位区域净水效率的不足。

通过湿地生态工程技术（湿地植物、水生植物、水生林泽等物种选择、植被配置，人工湿地构建等）可大概提高湿地的净水效率，对郊野公园内部人为景观要素产生的水体污染进行有效消纳）。

在遴选物种的时候（尤其是对草本植物），应依据当地具体条件，尽量选择本地种植物，对保证当地物种安全和有效发挥生态功能具有重要意义。如外来漂浮植物凤眼莲、大薸，挺水植物再力花、梭鱼草，沉水植物水盾草等物种，虽然生长速度快，纳污能力较强，并且有一定的景观功能，但是现有的研究表明这些物种对当地的生物多样性有一定的影响。在配置植物物种的时候，应对这些物种进行严格的管理和控制，最大化地发挥其生态功能，避免对其他本地生物产生影响。

3. 发挥“碳汇净水”功能

林泽湿地不仅更易于管理，同时又有较好的景观特色。通过湿地工程的技术方法，提高郊野公园中林泽湿地的比例，可以更好发挥湿地的“碳汇功能”。在“碳汇林泽”的设计构筑上应充分考虑以下要点。

（1）可通过改造符合条件的原有林地，构筑林泽湿地。

（2）上海地区在淡水湿地区域可选择的有柳杉、池杉、中山杉、落羽杉、乌桕、彩叶杞柳、竹柳等乔木物种，这些物种生长速度快、初级生产力高，适宜于长江三角洲地区生长；在潮滩湿地区域可选择的有竹柳、江南桤木、乌桕等耐盐耐淹植物。

（3）根据物种在高水位区域配置草本植物，或人工进行高效好氧和无氧微生物种群的接种，可提供林泽的生长及净水能力。

4. 发挥湿地生物多样性保育功能

上海郊野公园的设计中，可以通过水文控制（依据湿地生物所需的水位、水量等条件，通过水闸等控制措施对水量进行人工调节），小的地形地貌改造（水系的改直造弯、在大型水面中建设人工岛屿等），规划划分人为活动区域与野生动物活动区域等手段，增加郊野公园的生物多样性容量，达到提升生物多样性保育的效果。郊野公园的湿地生态系统可为这些生物营造多样的栖息地环境，对上海地区生物多样性的保护起到重要的作用。

5. 发挥湿地旅游、娱乐、文化功能

依托不同的湿地类型，规划和设计相关的水上旅游和文化项目，发挥湿地旅游、娱乐、文化功能，是使郊野公园服务市民的重要手段。可供考虑的项目有湿地作物采摘、休闲垂钓、湿地植物园、湿地观鸟及相关科普活动、游船、野营、烧烤等。

上海郊野公园湿地旅游开发在借鉴国内外案例的同时，应着重提升科技含量。除展示美丽湿地景观，也提供更多新鲜的科技体验，结合科普工作，使郊野公园成为上海市民了解自然、学习湿地科学知识的重要场所。

B2 植物配置专题研究

B2.1 植物配置总体思路

郊野公园的植物配置，应突出郊野公园“自然、生态、野趣”的总体定位，以近自然和低维护植物景观为核心，进行原有植被保育与提升、近自然植物选择与配置，以及特色植物景观应用配置，满足郊野公园多功能和多目标需求。

B2.2 植物配置模式

通过对上海自然地理与地带性植被特征的分析，分别从林地、湿地、道路绿化和规模化特色植物景观角度，针对不同的功能定位，提出郊野公园植物配置形式和类型。

1. 林地植物配置

林地植物配置突出人工植被的近自然化途径和技术。

在原有植被的保留与近自然化提升方面，提出整体保护、部分保护、适当改造等技术途径，将保护与适度人为干预相结合，形成低成本营造郊野公园植被配置技术。另外，注重近自然植被、鸟类等野生动物友好林、保健养生林和野花群落的营造。

2. 湿地植物配置

湿地植物配置突出陆地 - 湿地 - 水体植被过渡带的生境营造途径，并根据陆生与湿生的生态序列特点，提出不同深浅水位的适宜植物种类与配置。

栽植应以丛或块状形式，避免均匀或等距离种植和过分强调多物种混植。根据水面、驳岸、沼泽等湿地类型，提出适宜的优选植物及其栽植方式，丰富郊野公园湿地景观。

根据上海郊野公园水系纵横的特点，选择适宜的花灌木、湿生观花草本植物，营造林间花溪景观。

3. 道路植物配置

郊野公园道路绿化应以一定宽度的带状绿带为形式，形成林荫道路，宽度不低于 10 m，以自然式布置为主，乔木比例占 50% 以上，灌木占 30%，草本植物不超过 20%，强化野趣特色。

4. 规模化特色植物景观

根据五个郊野公园的特点，分别提出相应的特色植物景观营造建议。青浦青西郊野公园突出“森林湿地晚春花海”；闵行浦江郊野公园突出“玫瑰花海景观”、“葵花景观”和“秋色彩叶景观”；长兴郊野公园突出“杉树王国花海”、“柑橘采摘体验园”；嘉定嘉北郊野公园突出“以蜡梅为主题的早春观花植物景观”和“樱桃采摘园”；松江松南郊野公园突出“湿地森林景观”和“梨花景观”。

B3.1 生态环境建设评价体系

生态环境是郊野公园最大的优势和卖点，也是郊野公园管理工作的重点和难点。为了较准确地评价郊野公园的生态环境建设，经过专家咨询与推荐，专题研究选取 24 项指标构建上海市郊野公园生态环境建设评价的体系。

1. 环境质量指标

（1）水环境质量指标为骨干河道水质达到 Ⅲ 类水域比例，即郊野公园内骨干河道主要指标达到《地表水环境质量标准》（GB 3838—2002）中 Ⅲ 类水标准以上水体的百分比。

（2）大气环境质量指标为空气负离子浓度，即空气中获得 1 个或 1 个以上的电子、带负电荷的氧离子浓度。

（3）声环境质量指标为区域环境噪声达标率，即郊野公园区域内建制镇声环境的认证点位监测结果，按所属功能区要求达到国家《声环境质量标准》（GB 3096—2008）规定相应标准所占的比例。

（4）土壤环境质量指标为土壤内梅罗指数。内梅罗指数（P_N）是一种兼顾极值或突出最大值的加权型多因子环境质量指数。计算方法：

$$P_N=\sqrt{\frac{\overline{PI}^2+PI_{max}^2}{2}}$$

式中　$\overline{PI}$ ——平均单项污染物指数；

PI_{max}——最大单项污染物指数。

平均单项污染物指数 $\overline{PI}$ 的计算方法：

$$\overline{PI}=\frac{1}{2}\sum_{i}^{n}\frac{P_i}{P_s}\qquad i=1,2,\ldots,n$$

式中　P_i——土壤污染物测量值；

P_s——土壤污染物质量标准值。

2. 污染防治指标

（1）城镇生活污水处理率，指郊野公园区域内城市及城镇建成区内经过污水处理厂二级或二级以上处理，或其他处理设施处理（相当于二级以上处理），且达到排放标准的污水量占城镇污水排放总量的百分比。

（2）农村生活污水处理率，指郊野公园区域内农村经过处理设施处理（相当于二级以上处理），且达到排放标准的污水量占农村污水排放总量的百分比。

（3）固体废弃物无害化处置，指郊野公园区域内固体废物经无害化处理的量占固体废物产生总量的百分比。无害化处理指卫生填埋、焚烧和资源化利用（如制造沼气和堆肥）。固体废物包括一般工业固体废物和生活垃圾。

（4）工业企业污染物排放稳定达标率，指郊野公园区域内实现稳定达标排放的工业污染源数量占所有工业污染源总数的比例。

（5）清洁能源使用率，指郊野公园区域内清洁能源使用量占终端能源消费总量之比。

（6）建成区初期雨水收集处理率，指郊野公园区域内初期雨水（5 ~ 7 mm）收集处理服务范围占建成区总面积的比例。

（7）农作物秸秆综合利用率，指郊野公园区域内综合利用的农作物秸秆数量占农作物秸秆产生总量的百分比。

（8）农药施用强度，指郊野公园区域内单位播种面积上实际用于农业生产的农药施用量。

（9）化肥施用强度，指郊野公园区域内单位播种面积上实际用于农业生产的化肥施用量。化肥施用量要求按折纯量计算，折纯量是指将氮肥、磷肥、钾肥分别按含氮、含五氧化二磷、含氧化钾的百分比成份进行折算后的数量。复合肥按其所含主要成分折算。

3. 生态保护与建设指标

（1）生态空间率，指郊野公园内生态用地（林地、草地、湿地、农田及水域）面积占郊野公园总面积的比例。

（2）生境多样性，采用香农威纳多样性指数（Shannon-Wiener Index）进行表征。结合地理信息系统，从 GIS 图中计算出面状要素的面积、线状要素的长度和点状要素的数目。然后代入多样性指数公式，即可计算出生境多样性 H ：

$$H=\sum_{i=1}^{s}\left(\frac{n_i}{N}\right)\log_2\left(\frac{n_i}{N}\right)$$

式中　i ——第 i 个生境单元；

s ——生境单元的总数；

n_i ——生境单元 i 的面积、长度或数量；

N ——公园中生境单元的总面积、总长度或总数量。

（3）植被多样性，采用香农威纳多样性指数进行表征。为测定公园的植物多样性，对生境单元分层随机取样，对草本植物选取 4 m^2 的样方，对乔木和灌木（高于 1.30 m）选取 100 m^2 的样方，所有植物种类的多样性指数（H_p），可以通过乔灌木的多样性指数与草本植物的多样性指数进行加权平均算出：

$$H_p=\frac{H_{tr}n_{tr}+H_{he}n_{he}}{n_{tot}}$$

式中　H_{tr} ——乔灌木的多样性指数；

n_{tr} ——乔灌木样方的数量；

H_{he} ——草本植物的多样性指数；

n_{he} ——草本植物样方的数量；

n_{tot} ——样方的总数。

（4）建成区可渗透路面铺装率，指郊野公园区域内建成区道路广场用地中，透水性地面（径流系数小于 0.60 的地面）所占比重。

（5）生态屋顶铺设率，指郊野公园内生态屋顶占屋顶总面积的比例。

（6）主要农产品中有机、绿色及无公害产品种植（养殖）面积的比重，指郊野公园区域内，主要农（林）产品、水（海）产品中，认证为有机、绿色及无公害农产品的种植（养殖）面积占总种植（养殖）面积的比例。

4. 生态环境管理指标

（1）低污染公共交通工具使用率，指郊野公园区域内使用低排放或清洁能源的公共交通工具占公共交通工具总数的比例。

（2）当地群众对郊野公园建设的支持率，指居住在旅游区内及其周边地区的、部分或全部依赖旅游区获得生计的居民对郊野公园建设的支持率。

（3）生态环保投资占财政收入比例，指郊野公园区域内用于环境污染防治、生态环境保护和建设的投资占当年财政收入的比例。

（4）建设项目环境影响评价实施率，指郊野公园区域内在兴建建设项目、进行区域开发等活动之前，识别、预测与评估这些活动可能带给环境的影响，提出优化方案并加以落实的建设项目的比例。

（5）游客满意率，指游客对景区的旅游管理状况、服务质量、景区治安、生态环境保护效果、旅游设施的方便度和美观度等方面的满意程度。

B3.2 环境保护与生态建设对策和建议

1. 加强生态产业引导

郊野公园区域内还保留着一些工业企业，且大多以制造业为主。对于未来保留的企业而言，产业发展的导向十分重要。在环境影响评价、制定产业标准等现有手段的基础上，应进一步加强生态型产业的引领，明确区域落后产能的淘汰和“零排放”、“零污染”产业的发展战略。通过确立保护型发展的产业导向，严格控制和调整区域产业结构，从发展中寻求环境效益。郊野公园区域内，农业在产业结构中仍占有一定的比重，其产业发展以休闲观光农业和生态循环农业为主要模式。

郊野公园区域拥有丰富的旅游资源、文化资源和生态环境资源，未来将适度发展第三产业。建议鼓励发展商务会议、文化创意、生态科普、度假疗养、户外运动和为旅游休闲配套等产品服务的第三产业。建议在满足环境基础设施建设先行的前提下，适度发展第三产业，但是禁止在饮用水水源二级保护区内新、改、扩建排放污染物的建设项目。

2. 加强河道综合整治

在水系沟通的基础上，通过水利调控、河道底泥疏浚与资源化利用、半自然或近自然生态护坡、河岸生态景观配置与构建等相关技术的集成与优化，构建一整套郊野公园区域镇村污染河道综合整治方案，通过示范工程应用，彻底解决区域河岸侵蚀、引排不畅、水环境差和河流生态功能退化等问题，并使岸边生态景观得到明显改观，为郊野公园人居环境的提升和生态旅游的可持续发展提供保障。

3. 固体废物处置

郊野公园的物流应尽可能实行 4R 模式，即减量（reduce）、多次利用（reuse）、循环利用（recycle）和再生（regenerate）模式。

B4 特色农业发展专题研究

B4.1 特色农业发展方向

为实现郊野公园的功能定位，应从三个角度对特色农业进行解析，朝以下三个方向发展。

（1）在生产模式上，坚持生态农业方向。基于郊野公园的生态维护功能，郊野公园的特色农业必须是生态的生产模式，应该做到适地适种、适时适种，即遵循天体、物候、生物运行的自然规律，进行科学的作物茬口安排，使农作物生长发育始终处于适宜状态。

（2）在产业形态上，重点发展休闲农业。郊野公园不仅要以良好的生态改善城市环境，更需要为城市居民满足多样化需求提供更全面的农业产品或服务。因此，从产业形态讲，郊野公园的农业应以休闲农业为主，包括专门以休闲为目标的农业产业和针对普通农业的休闲功能开发。

（3）在技术水平上，充分展现现代农业。郊野公园的特色农业在技术上必须是现代的，原因一方面在于，现代农业技术可以作为郊野公园特色农业的一个亮点，成为吸引城市居民的一个重要因素；另一方面在于，郊野公园特色农业的可持续发展的确也需要现代农业技术来解决。

B4.2 特色农业基本模式

1. 空间布局模式

1）大空间格局

根据地理条件、农业种养习惯及距中心城区的远近，上海郊野公园大致可以分为海岛型、远郊型、近郊型、城中型四种类型，据此可选择适宜的相关产业。

海岛型郊野公园主要位于崇明、横沙、长兴三岛地区；远郊型郊野公园主要位于上海绕城高速公路（G1501）以外的区域；近郊型郊野公园主要位于上海绕城高速公路以内，沈海高速公路（G15）以西，申嘉湖高速公路（S32）以南的区域；城中型郊野公园主要位于沈海高速公路以东，申嘉湖高速公路以北，中环路外侧的区域。

2）微空间格局

根据郊野公园的特点，其农业的空间布局应与公园功能分区相结合，大体应包括低碳种养区、观光休闲区、科技示范区、服务管理区和生态缓冲区。

低碳种养区是集中从事农业生产的区域，包括各种园艺场、牧场、渔场、苗圃及加工场（作坊）等。一般选择水土环境较好、农业设施（装备）较完备的区域。

观光休闲区是展示乡土特色和田园风光，提供农事体验和休闲娱乐产品的区域。包括观赏型农田、瓜果园、花卉园、动物饲养园，农业文化展览馆、工作作坊、休闲娱乐场地等。一般位于景观层次丰富、与游赏路线直接相连的区域。

科技示范区是集中展示农业科技，或浓缩典型农业模式，示范、传授现代科技农业知识的区域。包括科技示范和科普教育等用地，一般处于游赏线路与农业生产区之间。

服务管理区是提供游憩配套服务，承担公园管理功能的区域，包括餐饮住宿设施、农产品售卖点，道路、出入口、停车场、售票处，以及管理中心、信息中心等。一般位于公园出入口或与公园主干道相邻。

生态缓冲区是以水域、湿地、林地为主，无生产活动的区域，主要作用是维护郊野公园生态环境，防止郊野公园被过度开发，丧失城市生态保育功能。

2. 特色产业模式

1）产业定位

专题研究根据海岛型、远郊型、近郊型、城中型郊野公园不同的区域资源条件和农业产业现状，提出以下建议。

（1）海岛型郊野公园以发展民宿度假型农场与海岛游钓旅游为主，其特色农业产业建议选择有机大米种植与加工、绿色蔬菜、长江口特种水产等。

（2）远郊型郊野公园以发展短程度假型农场旅游为主，其特色农业产业建议选择特种稻米种植与加工、特种水产、田园瓜果等，力求在现有基础上向精、专化方向提高。

（3）近郊型郊野公园以发展社区农场观光体验旅游为主，其特色农业产业建议选择特供果蔬生产供应、乡村土特产生产供应等。特供果蔬业服务特定社区，应按稳定客源、协议供货、直送上门、安全通道、客户放心、服务称心的经营原则，建立可靠的从乡村到都市、从田头到餐桌的“直通车”。乡村土特产业按“一镇一品”计划进行资源整合，提高精、专化水平，进一步丰富郊野公园特色农产品。

（4）城中型郊野公园以发展学习体验度假型旅游为主，其特色农业产业建议选择设施农业、科技农业、物流农业等，利用城中型农区近城、城市资源丰富的优势，增加投入，发展高端农业、科技农业，以摆脱农业对土地、环境的依赖。

2）产业架构模式

根据上海郊野公园农业发展的总体定位，应充分考虑农业与其他非农产业融合的现实要求，选择适宜发展的产业。

建议建立起后都市农业产业框架。该框架以“特色旅游商品的生产、加工、售卖”、“特色农业景观的观光旅游、生态体验服务”为主要模块，以“城市景观植物材料的种苗生产与景观工程”、“郊野公园物业”等为辅助模块。

产业应紧紧环绕区域的农业优势产品，大力实施“一园一品”（one town one product，OTOP）计划，培育和创造本地特有的、独一无二的产品与行业。“一园一品”计划提倡以当地独特的风物及文化，向旅游者推销自己的产品，是郊野公园所在区域农业改造的方向，也是郊野公园农业成功的关键。

3. 建设模式

1）基础设施建设

郊野公园特色农业的基础设施建设主要包括土地整理、水利设施、道路管网和生产配套设施，主要从整体上服务于郊野公园的生态、休闲和生产，与郊野公园的资源环境、特色定位、产业布局有关，建议以政府购买服务的形式进行建设。

基础设施由政府规划和建设，可以大体固化产业方向和形态，保障郊野公园的整体性。配合特色和产业的定位，建设应以尊重现状，最大限度保护自然形态为原则，因此，投入不会太大。

2）产业建设模式

产业建设直接服务于产业的生产经营，包括特定的生产设施、生产配套设施配备，林果类产业的种植。产业建设是产业生产经营的组成部分，但技术相对复杂，工程量大，一次性投入较大，对产业发展方向和形态起决定性作用。考虑到郊野公园的整体性和产业基础部分的技术性，可以考虑以下三种建设模式。

（1）针对某些投资较大、产销一体化的大型产业，需要统一经营，以确保生产经营效率，一般应采用与郊野公园规划协调的“统一规划＋整体建设”模式。

（2）对于无须统一经营，但整体协调度高，且有利于生态保护、增加休闲吸引力和提高个体经营效率的产业，可以采用“整体建设＋交钥匙模式”，使农业经营变得更加简单，增加传统农户和城市居民经营农业的积极性。交钥匙模式也可采用短期或长期租赁方式。

（3）对于无须统一经营，产业协调度对郊野公园的发展影响不明显，可以采用最简单的“统一规划＋分散建设”模式。园区只要指定相应的规划指导和建设指南即可。

上述整体建设一般应由有专业背景和经营实力的企业投资和实施，政府只是视情况给予部分财政或金融支持，不宜过度参与。

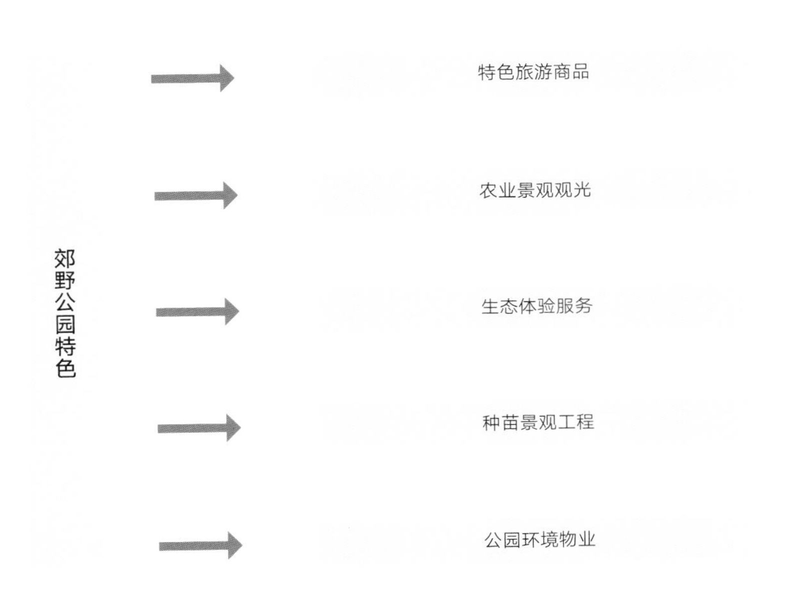

图 B-3 郊野公园产业架构示意图

B5 村落风貌景观专题研究

B5.1 村落风貌景观塑造的基本思路

村落风貌景观规划的整体目标是：保护农业和自然景观，规划设计具有传统特色的乡村聚落景观，建设高效的人工生态系统，实行土地集约经营，发展规模化农业，最终实现环境优美、健康舒适、自然与人文融合的特色乡村风貌。景观塑造的具体思路如下：

（1）保护和挖掘特色景观资源，尊重山水自然格局，尊重村落历史格局，尊重本地历史文化和建筑风格，尊重游客和当地村民文化需求。

（2）发展涵盖“吃、住、行、游、购、娱”六方面的村庄旅游，营造以当地演艺、节庆、饮食、生态保护为特色的旅游活动，使人们能够“慢下来、留下来、住下来”。

（3）保护自然风光和历史文化遗产，保护田园风光、村镇格局，注重对民间工艺、特色餐饮、民俗节庆、戏曲曲艺的挖掘。

B5.2 村落景观风貌构成

1. 人文精神景观塑造

村落上百年以来形成的民俗风俗与风土人情，直接影响着村民的生活方式、村落的空间布局、民居院落的构成。随着现代城市文明涌入村落，规模化工业、服务业和新兴的旅游业对传统村落风貌进行着新的塑造。由此，对村落物质景观具有重大影响力的人文精神景观塑造因子包括村风、村艺及村业。村风指村落历史文化、生活习俗与节庆活动；村艺指民俗民艺，包括手工艺、戏曲曲艺、营造技艺等；村业指村落产业发展，以及由村落手工艺而延伸出的相关产业。

2. 村落整体景观风貌塑造

村落整体风貌包括村景、村貌与村乐。村景指村落自然景观，具有较强的地缘属性，一般包括村落的自然地形与田园肌理。村貌指村落空间格局，即村庄聚落的形态构成。村乐指村落公共活动。自古形成的村落，产品交换和日常交往是不可避免的，因而村落的集市、戏台、甚至宗祠庙宇都成为村落公共活动的中心。

3. 村落微观场景营造

微观场景的营造主要包括村建和村居。村建指村落的建设风貌，是村落景观构成的物质表现。要建设具有特色的村庄景观，不仅要保存村庄的整体格局和肌理，还要注重构成村庄的街巷广场、堤坝桥涵、井泉沟渠、码头驳岸、古树名木等。村居指农宅院落，包括农宅的院落构成、院落的使用模式、农宅风格、建筑色彩、院落与建筑细部、建筑户型及建筑材料。

B5.3 村貌・村落空间格局

根据村落与水系的关系，对村落形态进行分类，大概可以分成五类：①全岛型村落；②半岛型村落；③散点型 / 鱼骨状村落；④绕水组团型村落；⑤沿水伸展型村落。根据不同类型村落的特色特点，从地区景观形成的基本目标、土地利用、交通和街道景观整治四个方面，总结村落风貌规划的要点如下。

1. 全岛型村落

全岛型村落的水岸线最长，可利用这一特点，在沿岸形成较为完整的景观界面。同时，可以根据不同地区的特点，进行分段定位和特色景观规划。沿水边形成完整的步行系统，可进行环岛游览。

该类型村落土地受限较大，需要对农地、林地进行集约利用，同时注重对鱼塘的保护和利用。

全岛型村落因水系而与外界隔离，水路是其对外联系的主要途径。因此，在发展水上交通时，通过设计水上交通和陆地交通的对接，进一步完善交通体系。在岛内对交通体系进行完善，实现较为完整的陆上交通系统。

景观方面建议维持江南水乡的基本建筑风貌，鼓励居民在自留地上进行栽植和造景，创造绿色、优美的岛内环境。另一方面，注重邻水小空间的塑造，形成宜人的、可供人停留的滨水空间。

2. 半岛型村落

半岛型村落有较长的水岸线，可对沿岸景观进行定位和规划，同时注重景观向内部的渗透。

注重对农地、林地的保护和利用。同时，尽量在内陆地区对土地进行集约利用，在沿水地区形成开放空间。

半岛型村落的对外交通主要位于腹地地区，滨水地区需强化与内陆交通的联系；另一方面，可完善水路交通，增强地区的可达性。

街道景观应维持江南水乡的基本建筑风貌；考虑到腹地地区和滨水地区建筑的形式和密度会有不同，需注意不同片区的建造特点。

3. 散点型 / 鱼骨状村落

散点型 / 鱼骨状村落依水系的流向和水系的汇聚点分布，通常沿水或在水系端头形成。可根据各个村落的特点而对其风貌进行不同的规划和定位。

由于村落呈散点状分布，公共服务设施可集中在少数规模较大的村落组团中，各组团内注重土地的集约利用。

村落内部可通过水路和陆路进行联系。

需注重沿河口和沿水岸的建筑空间形态及景观的塑造，营造水上村庄入口。

4. 绕水组团型村落

绕水组团型村落中有数条水系，将村落分割成若干组团，可形成“一水两岸”的村落景观风貌，在水流的汇聚处形成公共开放空间。

由于村落为水系所分隔，土地利用应以保护农田为目标，需要对土地进行集约利用。

水路是重要的交通出行方式，方便该类型村落内各组团的联系。同时，应通过桥梁完善组团内部的陆上交通联系

街道风貌景观方面，应在沿水两岸形成疏密有致、层次多变的建筑空间，同时在邻水处塑造宜人的步行空间环境。

5. 沿水伸展型村落

该类型村落沿水流在两岸形成独特的村落风貌景观，可分段进行特色定位，塑造开放空间。

沿水伸展型村落除水岸空间外，两侧还有较为广大的腹地。由此，一方面可以灵活组织利用滨水空间，另一方面，可以对腹地内的林地和农地进一步保护和利用。

水路和陆路都是重要的对外交通联系方式，通过搭建桥梁可进一步完善组团内的陆上交通系统。

景观方面应完善沿水岸两侧的街道风貌，塑造多样的亲水空间。

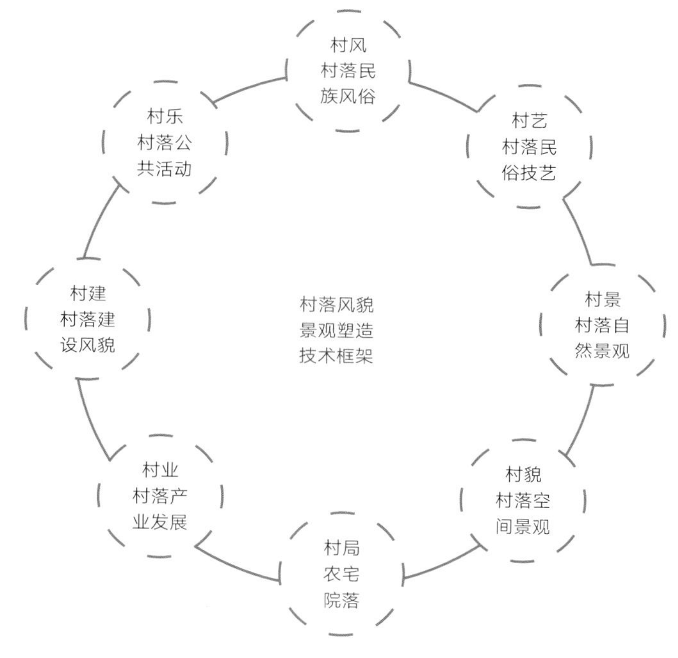

图 B-4 村落风貌景观塑造技术框架示意图

B6 游径设计标准专题研究

B6.1 线路设计

郊野公园游径的线路设计应全面考虑，体现线路的系统性。在主游径的选择上，要求根据城市交通道路的分布、游人主要集散方向和基地环境因素选择主游径线路。而在主游径以外的附属游径的设计上，则需要灵活设置，充分发挥每一段游径在系统中的作用，根据资源的分布及游憩活动的需要选择线路。此外，线路应具有连续性（除了穿越河流、河口的渡口）；路况必须保证游客能够获得最佳的视觉享受，并能轻松到达著名观景点和他们感兴趣的地方。

B6.2 游径级别的确定

Ⅰ级游径既是交通路线，也是观景路线，可通行大型车辆。游径连接郊野公园各功能区，使游客快捷到达，可以有效避免人流拥堵现象的发生；同时，旅游环路还起到延伸道路两侧视觉空间、营造景观的作用。因此，郊野公园内与外部城市交通相连接的主干道路即可作为Ⅰ级游径。

Ⅱ级游径可分为陆路交通、水上交通等，其中陆路交通主要连接各功能区内的景点和旅游服务设施。道路选线遵循因地制宜的原则，尽可能减少对郊野公园原有地形的破坏，并避开生态脆弱区。

Ⅲ级游径路面较窄，仅供游人通行。作为郊野公园的景观线路，游览步道常常结合自然地形，按观赏、休憩功能进行选线，在丰富郊野公园观赏性的同时，也增添了游览的趣味性。

B6.3 游径的线形设计

由于上海郊野公园的基地覆盖范围大，不同级别的游径功能各不相同，因此游径选线宜用规则式与自然式相结合的线形设计手法。参考传统公园游径的做法，联系公园内部各景区、景点的园路多采用曲线形，以满足游人慢慢欣赏园景的需要。而与各种公共空间、服务性建筑设施连接的园路尽量采用直线形，方便游人以最快的速度到达目的地。

郊野公园中的Ⅰ级游径作为游径系统中最为重要的基础骨骼，在选择线形时，结构形式可参考城市综合性公园的主干游径形式。这些游径形式可概括为线形、环形、网状、放射状、复合型五种结构类型。

（1）线形结构以线形路网组织郊野公园的各项游憩活动，起点与终点不重合。路网系统以主路向两侧分出支路的方式连接景点及设施，适用于基地狭长或受山川河流限制的郊野公园。

（2）环形结构以环状路网组织各类游憩活动，起点与终点多重合，可作为郊野公园的主要游径，用于景观节点部位，如湖区和水库地区。

（3）网状结构也称棋盘状结构，以两条以上的主路交织成网状系统，连接景点及设施。这种结构形式中每条游径的长度不同，可以为游人提供多种体验。适用于基地面积较大，地形富于变化的郊野公园。

（4）放射状结构是从郊野公园的中心向四周辐射道路来连接各类景点及设施的路网结构形式，适用于多数景点分布于基地边缘的郊野公园。

（5）复合型结构是为了增加郊野公园交通的可达性和便利性，将上述四种结构形式灵活运用和组合，而形成的游径结构。

B6.4 游径长度的确定

郊野公园Ⅰ级游径根据基地条件的变化而定，无特殊长度要求。

郊野公园Ⅱ级游径的长度根据游径的类型不同而有所变化。休闲风景游径控制在 8 km 以内，超过 8 km 应与公路、水路、缆车等其他交通方式衔接；健身游径以老少皆宜为原则，健身步道长度宜在 0.5 ~ 4 km 以内，特殊健身步道可达几十公里，分段设置，供不同游人选择；科教游径也以老少皆宜为原则，步道长度不宜超过 2 km，游程大多控制在 1 小时内。

除上述三种主要的Ⅱ游径类型，郊野公园中还有许多位于游径系统末端的Ⅲ级游径。Ⅲ游径以徒步方式为主要穿越形式。因此，以步行速度每小时 3 km 计算，长度宜控制在 5 km 以下，步行时间在 30~60 分钟内为宜。

B6.5 游径宽度的确定

不同尺度的游径给人的心理感受不尽相同，合理的游径的宽度，会给行走其中的游人带来更高的舒适度。

郊野公园中，Ⅰ级游径的自然度和敏感度最低，承载量与可达性高。此级别游径通常由原有的城市道路、区镇道路或允许车辆通行的游径组成。因此，为了使人在行走时不致和车辆发生冲突而引发安全问题，Ⅰ级游径宽度应大于 6 m，以容纳车量和行人双向通行。但也不宜过宽，使其缺乏导向性。

Ⅱ级游径的自然度与敏感度稍高，承载量稍低。此级别游径主要满足游憩体验及科教学习需求，其宽度维持在 3 ~ 5 m，以满足步行者双向通行和自行车、轮滑等活动的要求。

Ⅲ级游径位于游径系统的末端，多以特色的自然或人工景观环境为主，其自然度与敏感度极高，可达性较低，因此在设计上应以保护景观环境资源为主，适度开发并考虑承载力高峰时的游客使用，步道的宽度不应低于 1.2 m。

B6.6 游径坡度的确定

游径贯穿于整个郊野公园，基地范围内经常会遇到水体和地形变化，所以在竖向上游径是起伏变化的。在设计时，应当密切结合现状地形，依山就势，同时还需要考虑地表排水的问题。一般园路设计，路面应有 8% 以下的纵坡和 1.5% ~ 3% 的横坡，以保证雨水的排放。纵坡最缓应不小于 0.3% ~ 0.5%，但也不宜过陡，否则不便于游人游览及车辆通行。在不通车的人行园路上，当纵坡超过 12% 的时候，则需要考虑设计台阶或梯级道路，台阶数不少于两级，宽度 30 ~ 38 cm，高度 10 ~ 15 cm。

而当园路纵坡较陡且坡长又很长时，有时需要在坡路中部插入坡度不大于3% 的缓坡，或者数个平台，供游人暂时休息，起到缓冲作用。

B6.7 游径入口的设计

游径入口设计是游径设计中很重要的一个环节。游径入口一般分为游径的起始路口、游径出入口以及特殊功能出入口（园务、消防等）。根据游径类型的不同，游径入口的尺度、位置、功能和设计要素都不同。不同于城市公园，郊野公园采用开放式管理，因此，整个郊野公园游径入口的数量和位置并无严格要求。但是，主要游径出入口位置仍取决于游径在城市规划中的位置、与城市周边交通的关系，以及公园内部的功能分区和现状地形地貌等，需要综合考虑。

B7 游憩活动和游线组织专题研究

基于文献研究成果，课题组在郊野公园的典型特征基础上，结合上海城市发展现状，提炼了上海郊野公园应具备的游憩、资源、文化特征，制定出“以满足上海居民游憩需求为导向，以保护生态资源为基础，以传承地域文化为职能”（Recreation-Ecology-Culture-based，REC）的上海郊野公园规划原则。

该原则强调游憩为导向性需求，提倡在开展上海居民游憩需求调查和研究的基础上，针对上海居民游憩需求偏好，提出规划方案。郊野公园中的自然山体、水体、植被优良的地区、具有自然乡土地域特征的地带、陡坡山林、河湖溪涧、荒滩湿地等原生状态的土地等，蕴含丰富生境类型和生物多样性，对维护生态环境具有重要作用。在传承地域文化方面，应充分尊重、发掘当地人与自然相互作用下，有形与无形的文化景观。无论是经过本地长期经济活动形成的郊野乡村、农田牧场、果园、种植园、农舍村落交错融合的乡土景观，还是传统民居、陵园墓园等聚落形态的文化遗产，或是当地独特的歌舞、节庆、祭祀、传统工艺，都应对其内在价值进行深入地认知、解析，并寻找适合该类型文化载体的传承形式。

B7.1 郊野公园持续发展策略

对上海大型公园的调查显示，部分公园由于管理、运营理念的缺失而日益衰落。而北京郊野公园中，已出现了公园管理、维护资金大量依赖财政拨付，资金存在较大缺口的现象。为保持郊野公园的“生命活力”，保持其与游憩需求和产业发展的同步性，基于对上海东方绿洲、顾村公园在管理运营、项目策划方面的经验分析，借鉴国外开放空间与公园的发展策略，制定出适合上海郊野公园持续发展的“规划 - 建设 - 运营一体化”（Plan-Build-Operation，PBO）策略。即在郊野公园的立项、规划、建设、服务等不同阶段，将公园运营的理念贯穿始终；以公园的资源使用、游憩项目为载体，将郊野公园相关利益诉求统筹考虑；以上海居民的游憩需求为驱动力，以区域绿色产业为发展契机，使郊野公园成为活态资源，成为以上海居民游憩需求为核心的产业链中的重要环节。

在郊野公园运营过程中，应充分关注上海居民游憩新需求，作为拟定和调整公园游憩项目、节庆策划的基础。可创立联动各类平台，如网络媒介、户外运动产品厂商、户外培训机构、高校、非营利组织，整合各方资源。在郊野公园中，通过居民与各方媒介的交流、活动，提升郊野游憩体验质量，还可能创造和激发新的游憩需求，从而催生新兴产业。

郊野公园的运营应采用多样化的宣传渠道与有效的宣传工具。可采用广告、媒体宣传、营业推广、人员推销和公共关系五种渠道对游憩服务进行宣传，并主动提供游憩咨询服务。

B7.2 基于郊野公园游憩规划整体提升策略

游憩设施、游憩活动、自然资源、管理和服务是郊野公园游憩规划的五个关键要素，要素之间存在一系列联动关系。以骑马活动为例，需充分考虑踩踏等行为对自然资源的破坏和干扰；选择位于非生态脆弱区，且具备一定长度与体验质量的路径建立骑马道，并配备马匹饲养区、培训地等，除硬件要求之外，还需提供马匹、马具等支持产品；在服务方面，应配备一定数量的饲养人员、培训教练、医护人员，再建立与马术协会、马具生产商、马术比赛等联动机构的联系；对此系列的活动、设施、人员等，还需做好一系列的养护、管理工作。

游憩活动的类型和数量，可影响对游憩设施类型、规模、数量的制定，也可对自然资源的使用方式有所要求。不同的自然资源使用方式，可带动不同的管理和服务方式。例如，骑马和野营活动，对自然资源地的选择不同，对设施类型要求不一，骑马道与野营地需分别制定相关管理维护标准，提供不同种类的服务与联动机构。

传统公园规划往往只注重五要素中的游憩设施，对其他要素考虑较少，更加缺乏对五要素联动关系的规划和重视，导致游憩活动类型局限、无特色，游憩设施维护和管理缺乏，公园服务质量偏低，自然资源利用不合理。郊野公园游憩规划，应按照“FARMS”口诀，将设施（facility）、活动（activity）、资源（resource）、管理（management）和服务（service）五要素统筹考虑，整体提升，并关注其间的联动关系，使郊野公园的资源得到合理利用，居民的游憩需求得到满足。

B7.3 游憩项目策划途径

上海郊野公园的游憩项目策划依照 3R 途径，即以上海郊野公园资源（resource）、上海居民游憩需求（recreation need）为基础，深入发掘和引领长三角区域发展契机（reginal development）的综合策划途径。在郊野公园游憩项目策划过程中，以资源、游憩需求为导向的策略是策划基础，以产业为导向的策略是对郊野公园品质的保障和有效提升。在使用 3R 途经对郊野公园进行游憩项目策划后，应结合郊野公园总体规划，对游憩项目进行进一步的筛选、可行性分析与提升。

B7.4 游线组织步骤

步骤一，以资源特征为分区基础。在保证资源完整性的前提下，充分发掘资源规模与优势，确立最具魅力的游憩地点和时段。例如，日出最佳观测点；春季日照、温度、湿度状态下最适宜的动物观测站点；秋季农作物的最佳采摘时段等。以资源完整性和特性为基础的分区，使游客通过与自然的接触，得到最高质量的郊野体验。

步骤二，明确各区域与地段项目主体、类型、活动的特征。在确立了各游憩项目类型后，应深入理解和发掘其内在特征，明确不同参与人群的心理期待、所需体力等，以便组织最佳游线，确定抵达、离开、进入活动等阶段的交通方式与参与活动的方式。

步骤三，选择与各主题相匹配的最佳游览方式与换乘体系。在充分理解各主题内涵的基础上，选择与主题匹配的参与活动方式。例如，儿童迷你农场区，可选择农家牛车等方式抵达；攀岩、蹦极等挑战性较高的活动，可选择低空飞机等富有挑战和趣味性的抵达方式。可根据活动内容的丰富性，建立含多种交通方式的换乘体系，例如，可将电瓶车游线作为主要交通方式，其中穿插小火车、骑马、徒步、自行车、划船等多种选择，以满足不同主题参与者的需要。

步骤四，拟定各游览方式所需的支撑条件（交通、设施等）。在选择了契合资源使用与项目策划主题的游览方式后，应充分考虑投资、维护、管理等需要，选择适合郊野公园不同发展阶段的交通方式与设施级别。

步骤五，估算各游线在不同游憩体验质量下的游览时间。根据资源规模、游线长度、交通方式和人群特征可估算游览时间，为总体游线组织提供依据。但应针对不同人群的游憩体验质量需求，制定不同的备选游览时间方案。

步骤六，拟定各游线推荐人群、时间、游览（难度）与设备要求总表。在初步完成游线规划后，为确保郊野公园的游憩服务质量，可拟定详细易读的各游线推荐人群、时间、游览（难度）与设备要求总表，供不同人群了解方案详情，从而进行选择。例如，考虑儿童从事的活动（小农具耕作体验、迷你水车踩水比赛、玉米人竞技等）所消耗体能较多，可在夏日一日游的上午或傍晚等舒适性较高的时段内进行，相应地，可在总表中列出不同年龄段儿童的推荐游玩时间长度与具体游玩内容。总表中也可列出家长应为参加此类活动的儿童提前准备的物品，如防晒衣、雨鞋等，也可拟定租赁与售卖相关产品的价格。同时还应列出低龄儿童参与此类活动的风险性。

APPENDIX C

附录 C
图片来源

图 1-1 霍华德构建的城市组群示意图

来源：[英] 埃比尼泽·霍华德. 明日的田园城市. 北京：商务印书馆，2010.

图 1-2 田园城市示意图

来源：[英] 埃比尼泽·霍华德. 明日的田园城市. 北京：商务印书馆，2010.

图 1-3 伦敦的战略性开放空间网络

来源：www.london.gov.uk

图 1-4 大伦敦空间发展战略的环城绿带

来源：www.london.gov.uk

图 1-5 利亚河谷郊野公园风貌

Image by Northmetpit at commons.wikimedia.org

图 1-6 利亚河谷郊野公园自然保育运动休闲区功能示意图

Images by Praisaeng, pat138241, num_skyman at FreeDigitalPhotos.net, and by Freerange Stock Archives

图 1-10 湖链公园功能分区

Images by Liz Noffsinger, foto76, Longshaw and James Barker at FreeDigitalPhotos.net

图 1-11 湖链公园活动设施

Images by njaj, rakratchada, koratmember, PinkBlue at FreeDigitalPhotos.net, and by BrianJGeraghty at www.freerangestock.com

图 1-13 明治之森高尾国定公园主要游线

来源：www.takaotozan.co.jp

图 1-14 香港郊野公园分布图

来源：香港农业护理自然署

图 1-16 城门郊野公园活动设施

Images by pakorn, arztsamui, Rosemary Ratcliff and franky242 at FreeDigitalPhotos.net

图 1-17 城门郊野公园风貌

Image by Minghong at commons.wikimedia.org

图 1-18 北京市郊野公园环

来源：北京网 www.beijing.cn

图 1-19 深圳市郊野公园规划图

来源：深圳市规划设计研究院《深圳市绿地系统规划（2004—2020）》

APPENDIX D

附录 D
参考文献

[1] 黄明华，李建华，孙立，等. 生态思想在城市规划理论与实践中的发展 [J]. 西安建筑科技大学学报，2001，33 (3)：244-249.

[2] 刘易斯 · 芒福德. 城市发展史——起源、演变、前景 [M]. 倪文彦，宋峻岭，译. 北京：中国建筑工业出版社，1989.

[3] 易澄. 浅议生态园林与郊野公园 [J]. 中国林业，2002 (9)：42.

[4] 丛艳国，魏丽华. 郊野公园对城市空间生长的作用机理研究 [J]. 规划师，2005 (9)：88-91.

[5] 彭永东，庄荣. 郊野公园总体规划探讨 [J]. 风景园林，2007 (4)：120-121.

[6] 刘晓惠，李常华. 郊野公园发展的模式与策略选择 [J]. 中国园林，2009 (3)：79-82.

[7] 许东新，薛建辉. 上海市郊野公园发展策略研究 [J]. 林业资源管理，2008 (5)：41-44.

[8] 刘扬，郭建斌. 城市郊野公园建设及生态效益评估探析 [J]. 安徽农业科学，2009，9 (37)：4029-4031.

[9] 陈敏，李婷婷. 上海郊野公园发展的几点思考 [J]. 中国园林，2009 (6)：10-13.

[10] 张婷，车生泉. 郊野公园的研究与建设 [J]. 上海交通大学学报，2009，3 (27)：259-266.

[11] 华东师范大学资源和环境学院 "郊野公园研究" 课题组. 上海郊野公园湿地生态专题研究 [R]. 上海：上海市城市规划设计研究院，2013.

[12] 胡永红，张庆费. 上海郊野公园植物配置专题研究 [R]. 上海：上海市城市规划设计研究院，2013.

[13] 上海市城市规划设计研究院. 上海郊野公园环境保护和生态修复专题研究 [R]. 上海：上海市城市规划设计研究院，2013.

[14] 上海交通大学新农村发展研究院. 上海郊野公园特色农业发展专题研究 [R]. 上海：上海市城市规划设计研究院，2013.

[15] 上海市城市规划设计研究院. 上海郊野公园村落风貌景观专题研究 [R]. 上海：上海市城市规划设计研究院，2013.

[16] 上海市城市规划设计研究院. 上海郊野公园游径设计标准专题研究 [R]. 上海：上海市城市规划设计研究院，2013.

[17] 上海市城市规划设计研究院. 上海郊野公园游憩活动和游线组织专题研究 [R]. 上海：上海市城市规划设计研究院，2013.

[18] Greater London Authority. The London plan [Z]. London, U. K.: Greater London Authority, 2015.

[19] 香港特别行政区渔农护理自然署. 郊野公园及海岸公园 [EB/OL]. http://www.afcd.gov.hk/tc_chi/country/cou_vis/cou_vis.html, 2015-07-06.

[20] 深圳市规划局. 深圳市绿地系统规划（2004—2020）[EB/OL]. http://www.szpl.gov.cn/main/csgh/zxgh/ldgh/index.htm, 2015-07-06.

Epilogue 后记

1968 年,《英国乡村法》最早提出郊野公园的概念。在研究借鉴了伦敦、巴黎、香港等城市的案例后,我们发现,郊野公园首先要突出生态功能和自然特点,以保护生态环境为首要目标,其次要为广大市民提供一个回归和欣赏大自然的好去处。所以,郊野公园的规划建设,一方面,要尊重自然本底,提升原生景观的价值;另一方面,可根据市民需求,在容量适度的前提下科学组织多样化的休闲游憩活动,提供一片人与自然亲密接触的空间。从规划引导和土地管控的角度来说,郊野公园也是界定城市空间增长边界的重要规划手段,可以优化城市空间结构,遏制城市无序蔓延。

上海在郊区规划布局建设一批具有一定规模、自然条件较好、公共交通便利的郊野公园,目的是逐步形成与城市发展相适应的大都市游憩空间格局,成为市民休闲游乐的“好去处”、“后花园”。我们从规划编制、实施机制和政策保障等方面进行积极探索,上海市郊野公园的规划建设不是单纯的生态景观专项规划或土地整治项目规划,而是整合运用了包括总体布局规划、土地整治规划、生态景观规划、村庄建设、土地整治项目实施等一系列规划手段的,从规划到土地实施衔接管理的一次机制创新,具有一定的引领和示范效应。

按照“统一规划、分期建设、有序推进”的原则,闵行浦江、嘉定嘉北、青浦青西、松江松南、崇明长兴 5 个近期试点郊野公园已开始启动区建设,并纳入上海市政府工作报告,计划 2016 年底一期建成开园。在实施的过程中有些问题还有待深入研究,例如“如何平衡生态保护与游憩需求之间的关系”,“如何处理好农村生活、农业生产和游憩活动之间的关系”,“如何把握保留农村文化和村庄整治之间的矛盾”等。这些问题的解决需要在支持政策上进一步突破创新,需要在后续管理运营模式上提前进行研究谋划,还需要我们广大规划工作者继续思考和探索,以保障郊野公园规划实施的可持续性和长久生命力。

上海市郊野公园规划编制工作,根据上海市委、市政府的部署要求,由上海市规划和国土资源管理局与青浦、松江、闵行、嘉定四区政府以及长兴岛开发办联合组织推进。由上海市城市规划设计研究院为主的专业技术团队具体承担完成了这项工作。编制过程中整合了相关科研院所和众多专家的技术力量,囊括城乡规划、土地整治、农业发展、植物配置、湿地生态、设施配套、村落风貌景观、游憩活动组织、环境保护与生态修复、地质调查等领域，还吸引了来自亚洲、欧洲、美洲、澳洲的 17 家知名设计机构参与 5 个郊野公园国际方案征集活动。多专业、跨学科的高水平研究团队的努力工作和精诚合作，为高质量完成上海市郊野公园的规划编制提供了保障，也是本书顺利出版的坚实基础。可以说，本书凝聚了社会多个层面的智慧与探索。本书付梓之际，谨向所有支持此项工作的领导、专家、学者和全体工作人员致以崇高的敬意和衷心的感谢！感谢参加郊野公园规划调研和设计的各位同仁为本书提供照片和规划图纸。书中部分图片来自互联网，虽经多次联系，未能收到图片所有者的回复，我们也向他们表示感谢，希望他们能尽快与我院联系。

期待各位能够继续关注上海郊野公园的规划实施和建设发展，多提宝贵的意见！

编　　者

2015 年 8 月

图书在版编目（CIP）数据

上海郊野公园规划探索和实践 / 上海市规划和国土资源管理局，上海市城市规划设计研究院编著. -- 上海：同济大学出版社，2015.12
ISBN 978-7-5608-5881-4

Ⅰ. ①上… Ⅱ. ①上… ②上… Ⅲ. ①公园 - 园林设计 - 上海市 Ⅳ. ①TU986.625.1

中国版本图书馆CIP数据核字(2015)第152382号

上海郊野公园规划探索和实践

SHANGHAI COUNTRY PARK PLANNING
EXPLORATION AND PRACTICE

编著
上海市规划和国土资源管理局
上海市城市规划设计研究院

出 品 人　支文军

责任编辑　江　岱　　助理编辑　罗　璇
责任校对　徐春莲　　装帧设计　张笑星　　杨亚琪

出版发行　同济大学出版社 www.tongjipress.com.cn
（地址：上海市四平路1239号　邮编：200092　电话：021—65985622）
经　　销　全国新华书店
印　　刷　上海雅昌艺术印刷有限公司
开　　本　787mm × 1 092mm 1/12
印　　张　18
印　　数　1—2 100
字　　数　453 000
版　　次　2015年12月第1版 2015年12月第1次印刷
书　　号　ISBN 978-7-5608-5881-4
定　　价　180.00元